U0303089

飞机结冰致灾与防护丛书

飞机结冰热力学机理

桂业伟　杜雁霞　李伟斌　肖光明　著

科学出版社
北　京

内 容 简 介

本书针对飞机结冰这一航空飞行安全的热点问题，围绕飞机结冰与防/除冰领域的基础性问题：飞机结冰热力学机理与冰型物理特征，从相关机理、规律和研究方法等重点方面，全面系统地介绍了项目团队在该领域的研究成果。全书共 8 章：第 1 章简明综述了飞机结冰的典型热力学过程及国内外研究现状；第 2 章详细介绍了过冷水滴结晶的热力学条件、过冷水滴的撞击成核机理及结晶动力学特性；第 3 章阐述了结冰过程的溢流与相变耦合传热机理、过冷大水滴结冰的非平衡凝固特性；第 4 章介绍了微观结构形成的热力学机理、冰形微观结构的分形定量描述方法、基于相场法的微观结构演化特性预测方法；第 5 章分析了结冰微观结构提取方法、分布特性、结冰微观结构三维建模方法；第 6 章介绍了基于热边界反演的结冰抑制能耗分析方法；第 7 章介绍了基于导热反问题的结冰强度在线监测方法探索研究；第 8 章为发展展望，简要展望了飞机结冰热力学研究领域未来的研究与发展。

本书可供从事飞机结冰、流体力学、材料学、飞行器环境工程以及其他与结冰相关领域的研究人员与工程技术人员参考使用，也可供高等院校相关专业高年级本科生、研究生学习参考。

图书在版编目（CIP）数据

飞机结冰热力学机理 / 桂业伟等著. -- 北京 ： 科学出版社，2025. 1. --（飞机结冰致灾与防护丛书）. ISBN 978-7-03-079788-9

Ⅰ. V244.1

中国国家版本馆 CIP 数据核字第 2024PZ7330 号

责任编辑：赵敬伟　郭学雯 / 责任校对：彭珍珍
责任印制：张　伟 / 封面设计：无极书装

科 学 出 版 社 出版

北京东黄城根北街 16 号
邮政编码：100717
http://www.sciencep.com

北京天宇星印刷厂印刷
科学出版社发行　各地新华书店经销

*

2025 年 1 月第 一 版　开本：720×1000　1/16
2025 年 1 月第一次印刷　印张：11 1/2
字数：231 000

定价：98.00 元

（如有印装质量问题，我社负责调换）

丛 书 序

在航空已经成为人类社会主要交通运输工具的现代社会，因飞机结冰使气动和飞行性能下降，乃至导致重大飞行罹难事故，这种情况引起了航空工程界和国际社会的严重关切。据美国国家运输安全委员会(NTSB)统计，全球 1990~2019 年间因结冰导致的飞行事故高达 2000 余起，死亡 1800 余人。2000 年以来，我国也发生了多起因结冰导致的飞行事故。为此，世界各航空大国十分重视飞机结冰问题的研究。美国国家航空航天局(NASA)将飞机结冰相关研究列入民用航空技术领域未来十年优先技术发展计划，欧盟也将飞机结冰及防护纳入欧洲航空未来 20 年的科研重点。随着我国航空事业的快速发展，开展飞机结冰及其防护的研究迫在眉睫。

回顾历史，早在 1920 年代，人们首次观察到飞机飞行中的结冰现象。1944 年，NASA 刘易斯研究中心(现格林研究中心)建成结冰研究风洞(IRT, 2.7m × 1.8m)，成为当时结冰与防除冰研究的核心设备。1950 年代以来，以美国为代表的航空大国，通过结冰风洞实验、数值模拟、飞行试验等多种手段，研究飞机结冰对气动特性和飞行性能的影响，探索了多种飞机防除冰技术，建立了较为完善的航空器适航防冰条款，从而减少了结冰引起的飞行事故。

尽管如此，飞机结冰导致的飞行灾难仍时有发生。发生这一现象的原因是飞机结冰受大气温度、湿度，飞行高度、速度，蒙皮材料等诸多因素影响，是涉及大气物理、热力学、传热传质学、空气动力学、飞行力学等多学科交叉、多物理过程耦合的复杂现象。迄今人们对结冰宏观过程、微观机理、冰霜形态、影响因素等问题未能深入认识、准确把握，所提出的结冰防护措施不一定能全面覆盖结冰致灾的实际范围，从而带来安全隐患；另一方面，在某些情况下防护范围冗余过大也会影响飞机的飞行性能和经济效益。

国内最早的飞机结冰研究始于 20 世纪 70~80 年代，主要基于计算获得的冰形，初步研究结冰对飞机气动特性的影响。为了从科学角度深刻揭示飞机致灾的本质，掌握飞机结冰防护的可靠应对方法，从 2006 年起，作为国家重大科技基础设施的国内首座大型结冰风洞(3m × 2m)历时九年在中国空气动力研究与发展中心建成，国内数十个研究机构和高等院校也相继建设了一批小型研究型结冰风洞，相继开展了大量飞机结冰的试验研究。2015 年，在国家重大科技专项"大型飞机工程"的支持下，科技部批准国家重点基础研究计划("973"计划)项目"飞机结冰致灾与防护关键基础问题研究"立项，研究内容包括：非平衡相变结冰和复杂冰结构的形成、演化与冰特性；结冰条件下空气动力学和飞行力学特性及对飞行安全影响机理；基于结冰临界与能量控制的热防冰理论和方法；热/力传递及其耦合作用下的除冰机理与方法；大飞机结冰多重安全边界保护和操纵应对方法等，经过近五年的攻关，取得了若干创新成果。近年来，国内结冰与防除冰的研究领域已涵盖航空飞行器、地面交通工具、风能利用、输电导线等交通能源工业诸多领域。

为了进一步传播和拓展飞机结冰问题的现有研究成果，促进研究人员间的学术交流，中国空气动力研究与发展中心近期组成了"飞机结冰致灾与防护丛书"编辑委员会，制定了丛书出版计划，拟在近年内出版《飞机结冰机理》《飞机结冰试验的相似准则》《飞机结冰试验技术》等专著。这将是国内首套系统总结飞机结冰领域理论、计算、试验和设计方法的专业丛书，可供从事相关领域的研究人员、工程师、教师和研究生参考。我深信，本丛书的出版必将对推动飞机结冰问题的深入研究和技术创新发挥重要作用。

李家春

2021 年 11 月于北京

前　言

结冰现象是飞机在飞行实践中可能遇到的一种物理过程，飞机结冰堆积会使飞机的局部形状发生变化，由此改变甚至恶化飞机的力学特性，因此是严重危害飞行安全的重要因素之一。飞机结冰过程从物理上看，是一个伴随着水滴动力学效应的特殊液-固相变过程，其中既包含传热传质、液体流动、成分过冷和结晶潜热释放等宏观现象，又涉及晶粒形核和生长、界面溶质再分配等微观现象的复杂热力学过程。对飞机结冰的形成、演化机理、结冰强度、速率和形貌等特性的有效预测是建立科学的飞机结冰防护手段，也是保障飞行安全的重要基础。

本书以作者团队在飞机结冰领域多年研究所取得的系列成果为基础，较为全面地介绍了飞机结冰热力学机理的相关研究，可作为从事相关专业研究和工程技术人员的科研参考用书。

全书共 8 章，包括过冷水滴成核结晶、结冰过程热力学机理与传热传质特性、结冰微观结构形成演化预测与表征、结冰抑制能耗分析，及结冰强度在线监测等相关内容。全书具体内容安排如下：第 1 章为绪论，简明介绍了飞机结冰的物理机制、冰形特征及相关的国内外研究现状；第 2 章研究了过冷水滴结晶的热力学条件与结晶动力学特性；第 3 章研究了飞机结冰过程的相变传热机理、结冰过程溢流与相变耦合传热特性，及过冷水滴结冰的非平衡凝固特性；第 4 章研究了结冰微观结构形成机理，发展了冰形微观结构组织特征的分形描述方法，建立了基于相场法的冰形微观结构演化特性预测方法；第 5 章研究了结冰微观结构分布特性，发展了基于图像分割的结冰微观结构特征提取方法；第 6 章研究了基于热边界反演的结冰抑制能耗分析方法；第 7 章研究了基于导热反问题的结冰强度在线监测方法，探索了基于超声波回波信号的结冰强度在线监测技术；第 8 章为发展展望，简要总结了本书的主要成果，并展望了飞机结冰热力学研究领域未来的研究与发展。

除撰写组人员外，易贤、李明、王梓旭、王桥、郭龙、张楠、张海洋、向静等老师为本书相关计算、风洞试验及原理实验提供了技术支持，空天飞行空气动力科学与技术全国重点实验室，以及德国布伦瑞克工业大学流体力学研究所对相关工作给予了大力支持，在此表示衷心的感谢。

由于作者水平有限，若有不当之处，敬请批评指正。

作　者

2023 年 11 月

目　　录

第1章 绪 论

桂业伟　　杜雁霞

　　飞机结冰是广泛存在于飞行实践并严重危害飞行安全的重要因素之一，而热力学现象是制约飞机结冰特性的重要现象之一。尽管国际上在飞机结冰及其危害相关领域进行了半个多世纪的探索，但由于飞机结冰多尺度、多学科交叉的复杂性[1-4]，迄今为止，人们对结冰的触发、形成、演化等本质规律还缺乏细致深入的认识。这不但在一定程度上影响了飞机结冰特性的精细化预测、评估，同时也在很大程度上制约着结冰安全防护系统的科学设计。开展飞机结冰过程热力学行为的研究，旨在深入把握结冰过程的规律特征，从而为高效的结冰防护手段的建立，以及结冰条件下的飞行安全保障奠定基础。

1.1　过冷水滴结冰物理机制与相变传热机理

　　飞机结冰是过冷水滴撞击机体表面并发生冻结的特殊凝固过程，其实质是过冷水滴的动态结晶过程。水的结晶过程是典型的一级相变过程[5-7]，也是一个从高自由能液态结构转变为低自由能晶体结构的过程。飞机的结冰过程在宏观上表现为冰形的生长与演化，在微观上则表现为晶核形成与晶体生长过程，整个过程受热力学条件和相变动力学因素的控制[8-10]。在水滴凝固的初始阶段，过饱和状态下的水分子首先在分子力的作用下相互碰撞并不断聚集而形成凝固核心，然后水分子在化学势的作用下与凝固核心表面碰撞并黏附，使凝固核心缓慢长大并生长成为晶体。

　　飞机结冰是过冷水滴撞击在飞机表面并发生相变的一种复杂现象。如图 1.1 所示，从相平衡的观点看，水滴冷却到凝固点时应发生结晶反应。但根据热力学的相关理论，自由能的变化必须小于零，相变才会发生[11]。因此，在实际中水滴在相变温度点往往并不会发生结晶。要产生固相，必须使温度降到凝固点以下的某一温度。该现象表明，结冰的发生需要驱动力，即须存在一定的

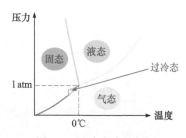

图 1.1　过冷水滴的相图
1atm=1.01325×10⁵ Pa

过冷条件[12]。过冷条件的存在，使得飞机结冰表现出典型的非平衡凝固现象[13,14]。
当凝固过程存在一定的过冷条件时，往往会形成亚稳平衡态[15,16]。此时，只要施
加一个较小的扰动，即可触发凝固，并使其回到稳定态[15]，而能量的波动、界面、
杂质、振动等均是触发亚稳态液体发生凝固的扰动源[15-17]。在飞机结冰过程中，
过冷水滴在飞机表面撞击所产生的震动是异相形核的条件及诱发凝固的重要扰动
源[18,19]。

飞机表面的传热传质过程是决定飞机表面能量交换特性、冰层生长速率及冰
形特征的重要因素[20]。飞机表面的主要热量交换过程包括：来流与飞机表面的对
流换热过程、飞机表面液体的蒸发传热过程、水滴动能撞击表面后转换为热能的
过程、水滴的显热交换过程、水滴凝固的潜热释放过程、气流对飞机表面的气动
加热过程等，如图 1.2 所示。其中，液-固相变是决定飞机结冰特性的重要过程[21,22]，
这一相变伴随的水滴与晶体微观热力学行为近年来得到了广泛的关注[23-29]。

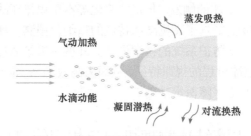

图 1.2　结冰过程的典型传热传质现象

在水滴冻结特性上，过冷水滴在飞机表面的冻结始于水滴在机体表面的浸润
现象[13, 17-19]。由于浸润特性影响着水滴在物面的铺展与收缩特性，因而对后续凝
固范围及凝固速率也有着较大的影响。水滴的浸润特性与界面特性密切相关[30-32]。
接触角不同，水滴在物面的浸润特性也有所差异。根据接触角的不同，浸润特性
通常分为亲水、疏水及超疏水几种类型[31, 33]。接触角越小，水滴在表面的附着与
铺展特性也越好。对于撞击于机体表面的水滴，接触角与表面粗糙特性及化学不
均匀性等因素密切相关，如图 1.3 所示[34]。

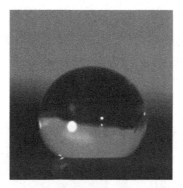

图 1.3 水滴在表面的浸润特性示意图[34]

与一般的凝固过程类似，飞机结冰的结晶凝固过程包括形核和晶体生长两个阶段，如图 1.4 所示[13]。因此，成核速率和晶体生长速率成为影响结冰过程相变速率的主要因素。其中，第一阶段由形核开始，是水滴从热力学非平衡态过渡到热力学平衡态的阶段[30, 35, 36]，即部分凝固阶段[30]，也有研究者称其为枝晶形成阶段[32]；第二阶段为完全凝固阶段，即相界面平行推进直至凝固完成的过程[30, 32, 37]。形核过程通常分为均相形核和异相形核。对于悬浮于高空中的过冷水滴，尽管存在液-固相变的外在驱动力，但由于均相形核相对较为困难，难以形成凝固核心[13, 34]，因此能够以过冷态悬浮于空中。但过冷态水滴一旦撞击到飞机表面，外来基质提供了异相形核的有利条件，就会引起晶体生长过程的快速触发及结冰现象。因此在此阶段异相形核过程从界面逐步发展到整个水滴，使水滴由液相变成冰水共存的模糊相，水滴温度也由过冷态上升到凝固点的平衡态[17, 32]。第二阶段为完全凝固阶段[13, 17, 32]，即相界面推进的过程，也即在平衡温度下发生的等温凝固过程。在飞机结冰这类异相形核的凝固过程中，第二阶段的凝固速率要明显慢于第一阶段[13]，这也正是大多飞机结冰研究忽略凝固第一阶段的主要原因。在飞机结冰的典型高度条件下，均相形核的最高温度约为−40℃[38, 39]。在−40℃以下的低温条件，水滴通常可通过均相形核形成凝固核心，因而难以以过冷态存在，这也正是飞机结冰过程中过冷水滴通常处于−40～0℃的原因。

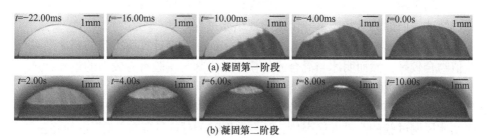

(a) 凝固第一阶段

(b) 凝固第二阶段

图 1.4 过冷水滴凝固的两个阶段[13]

除凝固过程的界面移动特征外，传热的自相似特征引起的水滴凝固过程的体积和形状变化也逐步成为研究热点[23-25]，如图 1.5 所示。水滴撞击表面后，如果铺展与收缩时间大于凝固时间，水滴便会在表面发生冻结；反之，水滴会发生反弹。因此，超疏水材料、纳米材料、功能涂层等的使用可以缩短水滴在表面的接触时间或者延长其凝固时间，有效抑制表面结冰，是防/除冰的重要手段之一。

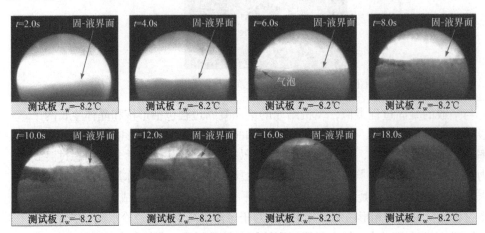

图 1.5　水滴凝固过程的尖顶现象[24]

1.2　相变复合传热特性及预测

冰层的形成是一个包含边界移动、气-液-固多相相变的复杂传热传质过程，也是一个涉及原子尺度、水滴尺度及飞机尺度的多尺度问题[34]。液-固相变是飞机结冰过程的重要传热现象，也是影响飞机结冰物理特性的重要因素[22,23]，对结冰表面热力学过程的预测是建立结冰预测方法的重要基础。早期的理论分析和数值计算主要针对的是霜冰这一结冰现象进行的，经典的是基于静态能量平衡的 Messinger 热力学模型[40,41]，LEWICE、ONERA、FENSAP-ICE 等著名结冰计算软件在初期时均采用这一模型。该模型综合考虑了结冰过程涉及的主要传热传质行为，通过结冰表面的热量和质量守恒来描述结冰过程。

图 1.6 是结冰的典型热物理过程，基于 Messinger 模型计算所得到的霜冰结果与实验值吻合较好，然而明冰与混合冰的模拟结果却与实验有着较大的差异，这是因为 Messinger 模型没有考虑到空气压力梯度和剪切力对液膜流动的影响，也没有考虑空气、液膜、冰层之间的导热。为了解决这一问题，目前已经发展了许多基于结冰风洞试验的改进方法[42-46]，但多数仅限于对热量项在"量"上的修正。这就导致基于 Messinger 模型所发展的结冰风洞试验相似准则(如 ONERA、AEDC

及 Wedish-Russian 等)均不能有效表征结冰过程的传热相似, 特别是液-固相变的相似特性[47,48]。

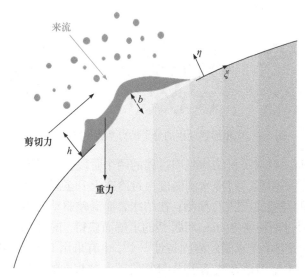

来流

剪切力

重力

图 1.6 结冰的典型热物理过程

近年来, 随着美国联邦航空管理局(Federal Aviation Administration, FAA)关于过冷大水滴(supercooled large droplet, SLD)适航条例的发布, 以及人们对 SLD 结冰问题的重视[49-51], SLD 结冰已成为结冰领域关注的焦点[52-56]。受气动剪切力、重力和表面张力的共同作用[52], 液-固相变与液膜的耦合传热传质特性相对复杂, 直接影响结冰微观形态、晶体生长、冰层生长速率等[53-57]。与常规水滴结冰相比, 由于相变弛豫时间延长, SLD 结冰表现出非平衡凝固的热力学效应[13,34], 关系到 SLD 结冰的预测结果。尽管国外在小水滴相关研究成果的基础上, 开展了 SLD 结冰数值预测方面的研究工作, 并在主流结冰计算商业软件中部分加入了 SLD 结冰预测的功能[58-61], 但受限于对 SLD 结冰热力学机理的认识, 不能充分把握冰层及液膜内部的温度梯度分布及传热的非稳态特征, 预测结果与实验结果之间仍存在较大程度的差异[62,63]。

为了深入掌握过冷大水滴结冰的热力学机理, 建立更为精细的预测方法, 从晶体与水滴尺度入手开展多尺度的数理建模研究也逐步受到了重视。在晶体尺度研究方面, Kind 等[64]基于枝晶生长的相关理论, 研究了外部流动、过冷度及过饱和度等对晶体生长特性的影响, 研究表明液膜流动对晶体生长的微观形态及结冰的宏观速率均有着重要的影响[65]。Karev 等[66,67]综合考虑了飞机结冰过程的微观与宏观传热特性, 引入线性生长模型用以描述结冰过程的结晶行为。这些研究表明, 了解和掌握结冰过程的微观机制对深入认识飞机结冰的本质原因, 从而改进和完善宏观数理模型有着重要的意义。近年来，采用分子动力学模拟方法[68-71]预测结冰特性的相关研究逐步得到发展，这使得从氢键角度研究结冰凝固特性成为可能，如图 1.7 所示。

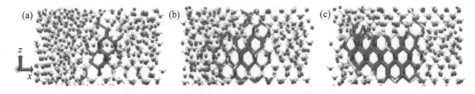

图 1.7 均相形核过程的分子动力学模拟[68]

在水滴尺度方面，针对飞机结冰凝固过程的两个阶段，发展了不同的预测方法。在枝晶形成的第一阶段，过冷水滴温度由过冷态上升至凝固点，其凝固速率可由枝晶生长速率的经验式[72]进行预测；在结冰表面温差驱动的界面推进第二阶段，其凝固速率可通过斯特潘(Stefan)问题[34]的求解而获得。同时，还有采用 VOF 及 Level-Set 方法等研究单个水滴的凝固特性[13, 34]，也有采用 Enthalpy-Porosity 方法研究水滴的凝固过程，但该方法基于固-液相物性参数相同的假设而建立，且无法模拟非平衡凝固过程[34]。

随着结冰精细化预测的发展趋势，微、细观尺度的热力学模型研究受到了越来越广泛的关注。但迄今为止，能够将单个水滴非平衡相变的微观过程与宏观预测方法有机联系，并适用于飞机结冰工程问题的热力学模型及相应的预测方法还有待进一步发展。

在欧盟 EXTICE 计划[54, 57, 73]的牵引下，通过分析相变过程的能量传递速率特征，发展了考虑凝固时间特征的热力学数理模型。Li 等[73]提出了过冷水滴凝固时间的经验关系式，Worster[74]基于 Stefan 相变理论，提出了平面生长模型，该模型适用于扩散占主导传热机制的凝固过程。在液膜形成特性及对水滴撞击特性影响研究的基础上，比较了 Darmstadt 模型、枝晶模型、平面模型及 Hospers 四种不同凝固模型在凝固时间预测方面的差异，然而与法国武器装备部(DGA)的实验结果相比，现有模型均存在结冰量预测偏高的现象，如图 1.8 所示。由于过冷水滴凝固机制尚不够清晰，所以目前对水滴凝固时间的有效预测还较为困难，因而发展结冰的精细化凝固模型与液膜生长模型同等重要。

Myers 等[42,43]基于 Stefan 模型，建立了冰层温度分布与冰层厚度的模拟方法。克兰菲尔德大学[75]在该模型的基础上，发展了 ICECREMO 结冰分析软件，研究表明，Myers 模型对结冰物理过程有较清晰的表征[76-78]，因而对存在液膜溢流现象的结冰具有相对较好的预测精度，如图 1.9 所示。尽管这些模型在表征复杂结冰条件下液膜与冰层内部的传热特征方面具有一定优势，但剪切力、重力及压力

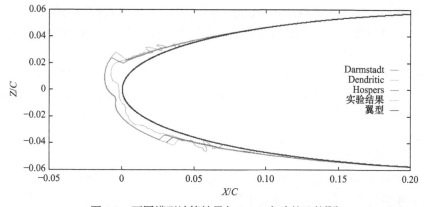

图 1.8　不同模型计算结果与 DGA 实验的比较[74]

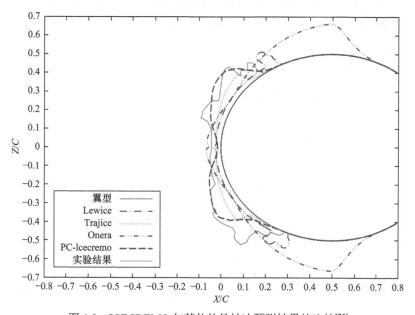

图 1.9　ICECREMO 与其他软件结冰预测结果的比较[75]

梯度等对液膜的复杂影响，使得模型引入了过多的物理参数而大大增加了预测方法的复杂性和工程适用难度。

1.3　结冰物理特性及定量表征

当过冷水滴撞击低温基底时，在满足一定条件后会发生冻结，随着夹杂过冷水气流的不断撞击，基底表面形成越来越厚的结冰。与传统结冰较为不同的是，这种结冰具有典型的动态过程，宏观上表现为几何外形随时间的不断变化；微观上表现为水滴的不断冻结累积，并且相互间形成孔隙。由于结冰条件的不同，结冰的传热传质过程表现不同，所形成的结冰在物理特性上存在不同程度的差异，对结冰后的飞机气动性能具有较大影响。

为全面认识结冰热力学行为对结冰特性的影响，本节将从结冰宏观形貌特征、冰形细观组织结构，以及结冰特性定量表征等方面入手，对结冰的相关物理特性进行具体阐述。

1.3.1　结冰宏观形貌特征

结冰冰形是影响结冰后飞机气动特性的重要因素，根据结冰的几何形状可以将其分为：粗糙度冰、角状冰、流向冰和展向冰脊。如图 1.10 所示，在这四种类型的结冰中，前三种主要集中在水滴与部件表面的撞击区域附近，属于前缘积冰，冰脊则形成于撞击区之后，就对气动特性的影响而言，展向冰脊对气动特性的影响最严重。

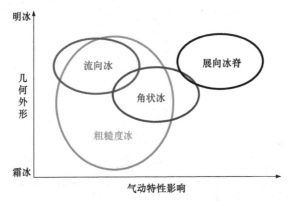

图 1.10　不同外形的结冰对气动特性影响示意图

根据透明和致密程度等表观特性，飞机结冰还可定性地划分为明冰、霜冰和混合冰，图 1.11 中给出了明冰和霜冰的图例。其中明冰表面光滑，冰体透明，所以又叫"透明冰""玻璃冰""光冰"，这种冰的密度接近于水滴密度，外形不规则，结冰中没有气泡，冰体透明，组织致密，而且沿表面流向的分布较广。霜冰透明度差、呈现乳白色，又被称为"不透明冰"、"无光泽冰"或"乳白色冰"，又由于它外观相似于冬季地面上的雾凇，所以又被称为"雾凇"、"淞冰"或"结晶体冰"。混合冰由明冰和霜冰混合组成，这种冰在驻点附近冰的类型为明冰，离开驻点，冰的类型逐渐由明冰向霜冰转化。由于表面粗糙，所以又称为"毛冰"[22]。

一般地，以温度作为结冰类型的判断依据，明冰形成于略低于冰点的温度，霜冰形成于较低的温度；在混合冰温度条件下，速度、液态水含量和水滴直径增加，结冰类型更趋向于明冰，反之更趋向于霜冰。Myers[78]研究发现，在初始结

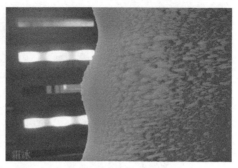

图 1.11 冰形的宏观形貌

冰时晶体粒度相对较小，具有典型的霜冰特征；在结冰后期晶体粒度相对较大，具有典型的明冰特征。同时，该研究首次提出将结冰宏观形貌与微观结构特征进行关联分析的思路，并指出了结冰过程传热特性变化对冰形特征的影响规律。后来，越来越多的研究证实了结冰传热特性对冰形宏观形貌和微观结构特征[79]均有着重要影响。

在飞机结冰过程中，受不同结冰条件的影响，所生成的结冰不但在外观视觉上有所不同，而且在密度、强度、黏附力等方面均存在较大差异。其中结冰速率是结冰强度的定量指标之一，可以为除冰系统工作与否、工作时间等提供依据，但是不能完全表达飞机结冰的严重程度，不能作为指导除冰系统工作的单一量，因为结冰是过冷水滴撞击飞机表面进而冻结，并随时间不断累积的过程，即使是弱结冰情况，若结冰时间过长，飞机上也可以结成很厚的冰层，则有可能引起飞行事故。因此，在实际飞行中，为了判断飞出危险区之前结冰的危险程度，需要引入融合结冰速率与时间的量——结冰厚度作为划分结冰程度的关键量。一般认为结冰密度和黏附力与结冰类型相关，明冰的密度和黏附力较大，霜冰的密度和黏附力相对较小。

1.3.2 冰形细观组织结构

单个冰晶体结构近似呈六边形形状[80,81]，这是由于在冰的形成过程中，水分子的缔合是通过氢键按六方晶系的规则排列起来的。但随着来流条件的变化，结晶条件相应改变，从而导致晶体的微观组元如晶界、气孔、位错等特征各异，但晶体结构总体上呈六边形并显示出较强的统计自相似特征[82]，如图 1.12 所示。

同通常的静态结冰有所不同，飞机结冰过程是包含空气的过冷水滴快速凝固的过程，因此部分空气在水滴冻结时来不及逃逸，被困于结冰中，形成了由晶体和气泡规律组成的特殊微观结构[83]，图 1.13 显示了结冰风洞内试验结冰的微观结构形貌。结冰的微观结构是传热传质过程推动形成的，主要受结冰条件影响，差异集中表现在晶体的规则程度、孔隙率、尺度、疏密等。

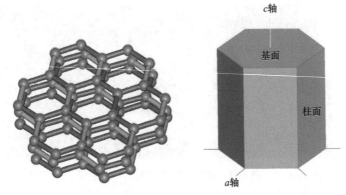

图 1.12   冰晶基本结构示意图[82]

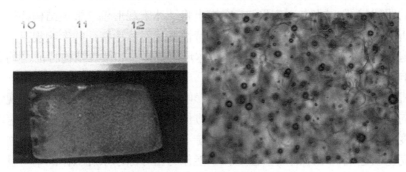

图 1.13   结冰的宏观及微观形貌

孔隙率是决定结冰宏观类型并影响结冰致密程度的主要因素。孔隙率越小，结冰性质越趋于明冰，反之越趋于霜冰。因此，建立结冰微观特性与宏观特性之间的联系，有助于更清晰地认知结冰热力学行为，也能更深入地把握结冰条件对结冰特性的影响规律。

1.3.3   结冰特性定量表征

飞机结冰过程的复杂多相多介质现象，以及冰形生长的随机性，使得对结冰特性进行定量表征面临很大难度。对结冰特性进行定量描述，建立其与结冰条件之间的定量关系，对结冰预测和防/除冰研究均有重要参考意义。

在结冰密度表征研究方面，目前已有考虑结冰条件以及被撞击体尺寸等因素对结冰密度的影响研究，并提出了结冰密度关于来流条件的关系式[84]。同时，通过实验研究对其进行了验证[85]，并且发现水滴直径和来流速度是影响结冰密度最大的因素。在结冰密度数值模拟研究方面，有学者结合液滴的随机运动特性，建立了结冰模型[86]，对模型不同参数下的结冰过程进行模拟，得到结冰密度随模型参数的变化关系。另外，基于傅里叶展开式以及神经网络提出了一种新的结冰预测方法[87]，并模拟了不同气象条件下的冰结构及密度变化。

在结冰厚度测量表征方面。结冰厚度一般作为飞机防/除冰系统开启与否的依据，是结冰探测的重要物理量，目前主要采用图像处理和传感器两类方法。图像处理方法，主要是采用阈值分割手段获取结冰的边缘信息，进而根据先验的标定信息给出最终的厚度测量结果，这一方法在输电线结冰厚度在线测量[88]和风洞结冰厚度测量[89]中均得到了较好的应用；传感器方法，主要是获取发射和反射波之间的时间差，以此反算结冰的厚度，这种方法的缺点是经验性给定波速，忽略了波在不同微观结构的传播差异，从而产生一定误差。

在结冰冰形的测量与简化表征方面。冰形直接影响飞行的气动特性，对其测量多为基于图像处理方法的双目测量与激光扫描测量[90]，然而由于云雾干扰、震动、数据大等因素影响，所以方法在实时性和精确性方面不能得到较好保证。鉴于此，在气动性能数值模拟或者风洞试验时，常采用简化的冰形而非实测数据，冰形简化的工作集中于提取冰形特征，主要包括驻点厚度、冰宽度、最大宽度、上/下冰角的长度、上/下冰角的角度、结冰上/下极限等。另外，图像分割方法也被成功应用于风洞结冰冰形的二维测量中[91]，测量方法对噪声具有鲁棒性，测量速率快，精度较高。

在微观特性定量表征方面。如图 1.14 所示，目前，除了关于晶核的形成、晶体生长、表面接触形核等数值模拟外，还可利用孔隙率和分形维数等对结冰微观结构进行定量刻画。同时，借助多孔材料的分析思路，对结冰孔隙形态和分布特性等做了相应研究，得到了微观结构的定量分析[92]，拟合出了温度对微观结构影

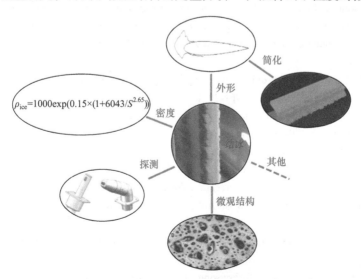

图 1.14　结冰特性定量表征的主要方向

响的半经验公式。然而，这些研究尚不能确切地阐明微观结构与结冰条件的关系，难以为微观特性和宏观特性的建立提供支撑。

参 考 文 献

[1] Lynch F, Khodadoust A. Effects of ice accretions on aircraft aerodynamics. Progress in Aerospace Sciences, 2001, 37(8): 669-767.

[2] DC-10-10FD. National transportation safety board aviation accident statistics final report, 2015.

[3] Kind R J, Potapczuk M G, Feo A, et al. Experimental and computational simulation of in-flight icing phenomena. Progress in Aerospace Sciences, 1998, 34(5-6): 257-345.

[4] 朱春玲, 朱程香. 飞机结冰及其防护. 北京: 科学出版社, 2016.

[5] Iqbal N, van Dijk N H, Verhoeven V W J, et al. Experimental study of ordering kinetics in aluminum alloys during solidification. Acta Materialia, 2003, 51(15): 4497-4504.

[6] Malkin T L, Murray B J, Brukhno A, et al. Structure of ice crystallized from supercooled water. Proceedings of the National Academy of Sciences of the United States of America, 2012, 109(4): 1041-1045.

[7] Ellen N, Jacco M H, Edwin W, et al. Aircraft icing in flight: effects of impact of supercooled large droplets. 29th Congress of the Aeronautical Sciences, St. Petersburg, Russia, September 7-12, 2014.

[8] Jeziorny A. Parameters characterizing the kinetics of the non-isothermal crystallization of poly (ethylene terephthalate) determined by d.s.c. Polymer, 1978, 19(10): 1142-1144.

[9] Liu M, Zhao Q, Wang Y, et al. Melting behaviors, isothermal and non-isothermal crystallization kinetics of nylon 1212. Polymer, 2003, 44(8): 2537-2545.

[10] Elliott J W, Smith F T. Ice formation on a smooth or rough cold surface due to the impact of a supercooled water droplet. Journal of Engineering Mathematics, 2017, 102(1): 35-64.

[11] Debenedetti P G. Supercooled and glassy water. Journal of Physics: Condensed Matter, 2003, 15(45): 1669-1679.

[12] Kostinski A, Cantrell W. Entropic aspects of supercooled droplet freezing. Journal of the Atmospheric Sciences, 2008, 65(9): 2961-2971.

[13] Schremb M, Tropea C. Solidification of supercooled water in the vicinity of a solid wall. Physical Review E, 2016, 94: 052804.

[14] Hao P, Lv C, Zhang X. Freezing of sessile water droplets on surfaces with various roughness and wettability. Applied Physics Letters, 2014, 104: 161609.

[15] Fumoto K, Kawanami T. Study on freezing characteristics of supercooled water droplets impacting on solid surfaces. Journal of Adhesion Science and Technology, 2012, 26(4-5): 463-472.

[16] King W D. Freezing rates of water droplets. Journal of the Atmospheric Sciences, 1975, 32(2): 403-408.

[17] Tabakova S, Feuillebois F, Radev S. Freezing of a suspended supercooled droplet with a heat transfer mixed condition on its outer surface. 1st International Conference on Applications of Mathematics in Technical and Natural Sciences, AIP Publishing, 2009, 1186(1): 240-247.

[18] 张旋, 刘鑫, 吴晓敏, 等. 过冷水滴碰撞结冰的实验与模拟研究. 工程热物理学报, 2020, 41(2): 402-410.

[19] 冷梦尧, 常士楠, 丁亮. 不同浸润性冷表面上水滴碰撞结冰的数值模拟. 化工学报, 2016, 67(7): 2784-2792.

[20] 裘燮纲, 韩凤华. 飞机防冰系统. 北京: 航空专业教材编审室, 1985.

[21] Potapczuk M G, Bidwell C S. Numerical simulation of ice growth on a MS-317 swept wing geometry. NASA TM-103705, 1991.

[22] 易贤. 飞机积冰的数值计算与积冰试验相似准则研究. 绵阳: 中国空气动力研究与发展中心, 2007.

[23] Braslavsky I, Lipson S. Interferometric measurement of the temperature field in the vicinity of ice crystals growing from supercooled water. Physics A: Statistical Mechanics and its Applications, 1998, 249(1): 190-195.

[24] Jin Z, Jin S, Yang Z. An experimental investigation into the icing and melting process of a water droplet impinging onto a superhydrophobic surface. Science China: Physics, Mechanics & Astronomy, 2013, 56(11): 2047-2053.

[25] 沈一洲, 谢欣瑜, 陶杰, 等. 超疏水防冰材料的理论基础与应用研究进展. 中国材料进展, 2022, 41(5): 388-397.

[26] 刘鑫, 张旋, 闵敬春. 壁面静止水滴冻结过程形状变化. 工程热物理学报, 2020, 41(3): 704-708.

[27] Jin Z, Sui D, Yang Z. The impact, freezing, and melting processes of a water droplet on an inclined cold surface. International Journal of Heat and Mass Transfer, 2015, 90: 439-453.

[28] Li X, Zhang X, Chen M. Estimation of viscous dissipation in nanodroplet impact and spreading. Physics of Fluids, 2015, 27(5): 052007.

[29] Lupi L, Hudait A, Molinero V. Heterogeneous nucleation of ice on carbon surfaces. Journal of the American Chemical Society, 2014, 136(8): 3156-3164.

[30] de Gennes P G. Wetting: Statics and dynamics. Reviews of Modern Physics, 1985, 57(3): 827.

[31] Rioboo R, Marengo M, Tropea C. Time evolution of liquid drop impact onto solid, dry surfaces. Experiments in Fluids, 2002, 33(1): 112-124.

[32] Burtnett E. Volume of fluid simulations for droplet impact on dry and wetted hydrophobic and superhydrophobic surfaces. Mississippi: Mississippi State University, 2012.

[33] 张海翔, 朱东宇, 兆环宇, 等. 不同微结构超疏水表面的光热防除冰特性. Transactions of Nanjing University of Aeronautics and Astronautics, 2023, 40(2): 137-147.

[34] Blake J, Thompson D, Raps D, et al. Simulating the freezing of supercooled water droplets impacting a cooled substrate. AIAA Journal, 2015, 53(7): 1725-1739.

[35] Chalmers B. Principles of Solidification. New York: Wiley/ Krieger, 1977.

[36] 刘振国, 王榆淞, 朱程香, 等. 基于成核理论的水温对结冰黏附强度影响研究. 航空工程进展, 2022, 13(2): 64-70.

[37] Jung S, Dorrestijn M, Raps D, et al. Are superhydrophobic surfaces best for icephobicity? Langmuir, 2011, 27(6): 3059-3066.

[38] Alexiades V, Solomon A D. Mathematical modeling of melting and freezing processes. Journal

of Solar Energy Engineering, 1993, 115(2):121.

[39] Knight C A, Fletcher N H. The freezing of supercooled liquids. American Journal of Physics, 1968, 36(5): 466-467.

[40] Messinger B L. Equilibrium temperature of an unheated icing surface as a function of air speed. Journal of the Aeronautical Sciences, 1953, 20(1): 29-42.

[41] 张大林, 杨曦, 昂海松. 过冷水滴撞击结冰表面的数值模拟. 航空动力学报. 2003, 18(1): 87-91.

[42] Myers T G, Charpin J P F, Chapman S J. The flow and solidification of a thin fluid film on an arbitrary three dimensional surface. Physics of Fluids, 2002, 14 (8): 2788-2803.

[43] Myers T G, Charpin J P F, Thompson C P. Slowly accreting ice due to supercooled water impacting on a cold surface. Physics of Fluids, 2002, 14 (1): 240-256.

[44] 朱东宇, 张付昆, 裴如男, 等. 临界冰形确定方法及其对气动特性影响研究. 空气动力学学报, 2016, 34(6): 714-720.

[45] 张强, 陈迎春, 周涛, 等. 民用飞机机翼结冰试验与数值预测. 航空动力学报, 2017, 32(1): 22-26.

[46] 郭向东, 胡站伟, 丁亮, 等. 大型结冰风洞中冰晶热/力平衡特性数值研究. 航空动力学报, 2022, 37(3): 478-491.

[47] Rothmayer A P. Scaling laws for water and ice layers on airfoils. 41th AIAA Aerospace Sciences Meeting, 2003.

[48] 雷梦龙, 常士楠, 杨波. 基于 Myers 模型的三维结冰数值仿真. 航空学报, 2018, 39(9): 121952-121962.

[49] Isaac G A, Cober S G, Korolev A V, et al. Canadian freezing drizzle experiment. 41th AIAA Aerospace Sciences Meeting, 1999.

[50] Bragg M B. Aircraft aerodynamic effects due to large droplet ice accretions. AIAA Paper, 1996: 932.

[51] Cober S G, Isaac G A, Strapp J W. Characterizations of aircraft icing environments that include supercooled large drops. Journal of Applied Meteorology, 2001, 40(11): 1984-2002.

[52] Hammond D, Quero M, Ivey P, et al. Analysis and experimental aspects of the impact of supercooled water droplets into thin water films. 43rd AIAA Aerospace Sciences Meeting and Exhibit, Reno, Nevada, 2005: 077.

[53] Whalen E A, Broeren A P, Bragg M B. Aerodynamics of scaled runback ice accretions. Journal of Aircraft, 2008, 45(3): 591-603.

[54] Bautista C. WP3-airbus 3D icing computations. EXTICE Final Workshop, 2012.

[55] 孔维梁. 飞机异常结冰的过冷凝固机理及理论研究. 上海: 上海交通大学, 2015.

[56] 桑为民, 蔡旸, 鲁天. 变形破碎特性对 SLD 结冰过程影响. 航空动力学报, 2017, 32(7): 1537-1544.

[57] Iuliano E, Mingione G, Petrosino F, et al. Eulerian modeling of large droplet physics toward realistic aircraft icing simulation. Journal of Aircraft, 2011, 48(5): 1621-1632.

[58] Kind R J. Assessment of importance of water-film parameters for scaling of glaze icing. AIAA Paper, 2001:835.

[59] Kerho M F, Bragg M B. Airfoil boundary-layer development and transition with large leading-edge roughness. AIAA Journal, 1997, 35(1): 75-84.

[60] Wright W B, Potapczuk M G. Semi-empirical modelling of SLD physics. 42nd Aerospace Sciences Meeting and Exhibit, Reno, NV, United States, 2004.

[61] Orchard D M, Szilder K, Davison C R. Design of an icing wind tunnel contraction for supercooled large drop conditions. 2018 AIAA Atmospheric and Space Environments Conference. Reston: AIAA, 2018.

[62] Honsek R, Habashi W G, Aubé M S. Eulerian modeling of in-flight icing due to supercooled large droplets. Journal of Aircraft, 2008, 45(4): 1290-1296.

[63] 焦明顺, 陈苗苗, 金哲岩, 等. 低温环境下水滴在冷表面结冰过程的实验研究. 制冷学报, 2020, 41(1): 74-80.

[64] Kind M, Gill W N, Ananth R. The growth of ice dendrites under mixed convection conditions. Chemical Engineering Communications, 1987, 55: 295-312.

[65] 常士楠, 杨波, 冷梦尧, 等. 飞机热气防冰系统研究. 航空动力学报, 2017, 32(5): 1025-1034.

[66] Karev A R, Farzaneh M, Lozowski E P. Character and stability of a wind-driven supercooled water film on an icing surface—I. Laminar heat transfer. International Journal of Thermal Sciences, 2003, 42: 481-498.

[67] Karev A R, Farzaneh M, Lozowski E P. Character and stability of a wind-driven supercooled water film on an icing surface—II. Transition and turbulent heat transfer. International Journal of Thermal Sciences, 2003, 42: 499-511.

[68] 张相雄, 陈民. 均匀电场对冰晶结构及生长的影响(英文). 物理化学学报, 2014, 30(7): 1208-1214.

[69] Sanz E, Vega C, Espinosa J R, et al. Homogeneous ice nucleation at moderate supercooling from molecular simulation. Journal of the American Chemical Society, 2013, 135(40): 15008-15017.

[70] Matsumoto M, Saito S, Ohmine I. Molecular dynamics simulation of the ice nucleation and growth process leading to water freezing. Nature, 2002, 416(6879): 409-413.

[71] Nistor R A, Markland T E, Berne B J. Interface-limited growth of heterogeneously nucleated ice in supercooled water. The Journal of Physical Chemistry B, 2014, 118 (3):752-760.

[72] Shibkov A A, Golovin Y I, Zheltov M A, et al. Morphology diagram of nonequilibrium patterns of ice crystals growing in supercooled water. Physica A: Statistical Mechanics and Its Applications, 2003, 319: 65-79.

[73] Li H, Roisman I V, Tropea C. Experiments and modelling of splash. WP2 Final Technical Report, EXTICE, 2012.

[74] Worster M G. Solidification of fluids// Perspectives in Fluid Dynamics. Batchelor G K, Moffat H K, Worster M G. Cambridge :Cambridge University Press, 2000.

[75] Verdin P G. An automatic multi-stepping approach to aircraft ice prediction. UK: Cranfield University, 2007.

[76] Langer J S, Muller K H. Theory of dendritic growth. Acta Metallurgica, 1978, 26(11): 1681-1687.

[77] 侯硕, 曹义华. 基于润滑理论的二维积冰数值模拟. 北京航空航天大学学报, 2014, 40(10): 1442-1450.

[78] Myers T G. Extension to the Messinger model for aircraft icing. AIAA Journal, 2001, 39(2): 211-218.

[79] Du Y, Xiao G, Liu L, et al. Study of solidification and microstructure characteristics for aircraft icing. International Journal of Thermophysics, 2020, 41: 24.

[80] Libbrecht K G. The physics of snow crystals. Reports on Progress in Physics, 2005, 68(4): 855.

[81] Moore E B, de la Llave E, Welke K, et al. Freezing, melting and structure of ice in a hydrophilic nanopore. Physical Chemistry Chemical Physics, 2010, 12(16): 4124-4134.

[82] 杜雁霞. 飞机结冰的相变机理及传热特性研究. 绵阳: 中国空气动力研究与发展中心, 2009.

[83] 杜雁霞, 桂业伟, 柯鹏, 等. 飞机结冰冰型微结构特征的分形研究. 航空动力学报, 2011, 26(5): 997-1002.

[84] Macklin W C. The density and structure of ice formed by accretion. Quarterly Journal of the Royal Meteorological Society, 1962, 88 (375): 30-50.

[85] Jones K F. The density of natural ice accretions related to nondimensional icing parameters. Quarterly Journal of the Royal Meteorological Society, 1990, 116 (492): 477-496.

[86] 周莉, 徐浩军, 杨哲. 基于随机运动模型的结冰密度预测方法. 北京理工大学学报, 2013, 33(1): 6-10.

[87] Ogretim E, Huebsch W, Shinn A. Ice accretion prediction based on neural netwoks. Reno, Nevada: AIAA-2005-1245, 2005.

[88] 刘旭, 杨俊杰. 基于 OpenCV 的图像处理在输电线路覆冰检测中的应用. 上海电力学院学报, 2013, 29(4): 404-406, 414.

[89] Struk P, Lynch C. Ice growth measurements from image data to support ice-crystal and mixed-phase accretion testing. 4th AIAA Atmospheric and Space Environments Conference. American Institute of Aeronautics and Astronautics Reston, Virigina, 2012: 3036.

[90] Gong X, Bansmer S. Laser scanning applied for ice shape measurements. Cold Regions Science and Technology, 2015, 115: 64-76.

[91] 李伟斌, 易贤, 杜雁霞, 等. 基于变分分割模型的结冰形测量方法. 航空学报, 2017, 38(1): 120167.

[92] 李伟斌, 魏东, 杜雁霞, 等. 动态结冰微观孔隙结构定量分析. 航空学报, 2018, 39(2): 121536.

第 2 章　飞机结冰的热力学与动力学机理

杜雁霞　　　肖光明

研究飞机表面结冰过程中过冷水滴的相变机理，是掌握飞机表面的冰层生长规律、预测物面结冰种类和冰形，进而评估结冰对飞机飞行安全危害的前提和基础[1-3]。飞机的结冰过程在宏观上表现为液态水的液-固相变过程，在微观上则表现为过冷水的结晶过程。结晶过程包括晶核形成和晶体生长两个阶段，整个过程受热力学条件和动力学因素的控制[4]。因此，本章从热力学和动力学角度研究过冷水结晶凝固过程的物理机制，以获得飞机结冰过程的驱动力、结冰速率的影响因素及作用规律，从而为飞机结冰过程宏观模型的建立提供参考。

2.1　过冷水滴结晶的热力学机理

2.1.1　过冷水滴结晶的热力学条件

结冰同大多数的液-固相变类似，其过程一般是在物质体系的某些局部区域内首先形成新相的核，使体系中出现两相的界面，随后相界面逐步向旧相区域内推移从而使得新相不断长大。因此，结晶过程一般可分为晶核形成与晶体生长两个阶段。从相平衡的观点看，高温液体冷却到凝固点时应发生结晶反应。但根据热力学的观点，相变前后自由能的变化必须小于零相变才会发生[5]。因此，在实际中液体在相变温度往往并不会发生结晶。要产生固相，必须使温度降到凝固点以下的某一温度。该现象表明，相变的发生需要驱动力[6]。为研究结冰过程的驱动特性，根据吉布斯自由能的定义有

$$\Delta G = L - T\Delta s \tag{2.1}$$

其中，L 为相变潜热；Δs 为熵变。当处于相平衡时有

$$\Delta G = L - T_e\Delta s = 0 \tag{2.2}$$

式中，T_e 为相平衡温度。此时熵变可表示为

$$\Delta s = \frac{L}{T_e} \tag{2.3}$$

将式(2.3)代入式(2.1)，可得非平衡状态下自由能的变化为

$$\Delta G = L - T\frac{L}{T_e} = \frac{L(T_e - T)}{T_e} \tag{2.4}$$

若将 $T_e - T$ 定义为结冰条件下的过冷度 ΔT，则有

$$\Delta G = L\frac{\Delta T}{T_e} \tag{2.5}$$

结晶凝固过程是放出潜热的过程，因此上式中的潜热 $L < 0$。当 $\Delta G < 0$ 即 $\Delta T > 0$ 时，结晶过程才能发生。因此，ΔG 也称为液-固相变的驱动力，其实质是进行相变所需做的功，如形核功及晶核长大所需的功，主要是用于补偿新相形成时所增加的表面能和扩散所需的能量。式中，由于在一定的温度和压力条件下 L 和 T_e 近似为常数，因此，过冷度 ΔT 是液-固相变的实际推动力。

从水的相图(见图 1.1)来看，饱和蒸气压曲线从三相点向固相区延伸，形成的过冷水的饱和蒸气压曲线处于冰的相区，说明在相应的温度、压力下，冰是稳定的，在相同温度下，过冷水的饱和蒸气压大于冰的饱和蒸气压，可知过冷水的化学势大于冰的化学势，因此过冷水能自发地转变为冰。过冷水与其饱和蒸气压的平衡不是稳定的平衡，但由于新相冰形成的困难，使它又可在一定时间内存在，是一种"亚稳平衡"。一旦新相开始形成，这种亚稳状态就会被迅速打破。这也正是大气中过冷水滴能够存在的本质原因。水的固-液平衡曲线 OA 有着很大的斜率，在 2200 个标准大气压以下，水的固-液平衡温度随压力的增大而降低，大约每升高 130 个标准大气压降低 1℃[7]。因此可以认为，在飞机结冰研究的压力范围内，固-液平衡温度为一常数。

2.1.2　过冷水滴的撞击成核机理

由于结晶凝固过程包括成核和生长两个阶段，因此，成核速率和晶体生长速率成为影响液-固相变总速率的主要因素。成核过程一般有均相成核和异相成核两种形式。均相成核是指一个体系中各处的成核概率都相等的一种成核过程。为简化起见，假设形成的新相为半径为 r 的球形。当形成一个球形晶粒时，自由能的变化 ΔG 可表示为系统自由能的减小与界面自由能增加的综合结果[3]，即

$$\Delta G = -\frac{4}{3}\pi r^3 \cdot \Delta e_{vol} + 4\pi r^2 \cdot \Delta e_{sur} \tag{2.6}$$

式中，Δe_{vol} 为相变时单位体积自由能的变化；Δe_{sur} 为单位面积自由能的变化。当(2.6)式中第二项起主要作用时，系统的自由能增加；而当晶核达到某一临界尺寸时，第一项起主要作用，晶核进一步继续长大使系统自由能降低而成为更稳定的系统。此时的晶核称为临界晶核，其半径称为临界半径 r_c，相应的自由能称为临界自由能 ΔG_c。对上式求极值，令

$$\frac{\partial(\Delta G)}{\partial r} = 0 \tag{2.7}$$

则有

$$r_{c} = \frac{2\Delta e_{sur}}{\Delta e_{vol}} \tag{2.8}$$

将(2.8)式代入(2.6)式，可得

$$\Delta G_{c} = \frac{16\pi\Delta e_{sur}^{3}}{3\Delta e_{vol}^{2}} \tag{2.9}$$

由于Δe_{sur}基本上不随温度而变化，故与过冷度无关，而Δe_{vol}则随过冷度的增加而增加。因此，临界半径r_{c}和临界自由能ΔG_{c}将随过冷度的增加而降低。

在均相成核过程中，单位体积平均成核速率一般可表示为[6]

$$I_{v} = v \cdot j \cdot j_{c} \tag{2.10}$$

由上式可以看出，均相成核速率取决于原子或分子的碰撞速率v、临界晶核周围的原子或分子数量j和单位体积液体中临界晶核的数量j_{c}。其中，碰撞速率v可表示为

$$v = v_{0}\exp\left(-\frac{E_{a}}{KT}\right) \tag{2.11}$$

式中，v_{0}为原子或分子的跳跃频率；K为玻尔兹曼(Boltzmann)常量；E_{a}为经过新、旧相界面而迁移的活化能。

单位体积内临界晶核数的计算关系式[6]为

$$j_{c} = j_{0}\exp\left(-\frac{\Delta G_{c}}{KT}\right) \tag{2.12}$$

式中，j_{0}为单位体积内的原子(或分子)数。

将(2.5)式、(2.9)式、(2.11)式和(2.12)式代入(2.10)式可得

$$I_{v} = v_{0} \cdot j \cdot j_{0}\exp\left(-\frac{16\pi\Delta e_{sur}^{3}T_{e}^{2}}{3KTL^{2}\Delta T^{2}}\right)\exp\left(-\frac{E_{a}}{KT}\right) \tag{2.13}$$

上式表示了均相成核速率与温度、单位体积内临界晶核数、相变潜热、过冷度和活化能等参数间的关系。当过冷度ΔT在一定范围内增大时，上式中第一指数项占优势，成核速率增大直至最大值。当过冷度继续增大时，T减小，从而使上式中第二项指数占优势，致使I_{v}开始下降。从(2.10)式和(2.13)式可以看出，当物性参数一定时，在一定范围内提高液体的过冷度，增加单位体积内临界晶核的数量，加快原子(或分子)的碰撞频率，或降低活化能均是增加均相成核速率的有

效途径。而飞机结冰过程中过冷水滴在物面的撞击则大大提高了分子间的碰撞频率。

在晶体生长系统中，均相成核过程是一种理想的、统计平均的宏观假设。大多数的相变成核是多相的。异相成核是指将表面、界面、第二相或结构缺陷等不均匀部位作为成核位置的成核过程。在飞机表面过冷水滴的结晶过程中，飞机机体表面及尘埃等外来基质的影响，使水滴在飞机表面的成核过程以异相成核为主。当晶核在飞机表面形成时，假设晶核的形状为球冠状，即球体的一部分，则其物理模型如图 2.1 所示。

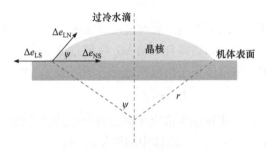

图 2.1　飞机表面结冰成核示意图

将液相与晶核、液相与基质及晶核与基质之间的界面能分别记为 Δe_{LN}、Δe_{LS} 和 Δe_{NS}，晶核和基质间的接触角记为 ψ，当系统中形成晶核时，自由能的变化可表示为[6]

$$\Delta G = -V \cdot \Delta e_{vol} + \Delta e_{LN} A_{LN} + \Delta e_{NS} A_{NS} - \Delta e_{LS} A_{NS} \tag{2.14}$$

其中，A_{LN} 和 A_{NS} 分别为液相与晶核、晶核与基质之间的界面积，其值分别为

$$A_{LN} = 2\pi r^2 (1 - \cos\psi) \tag{2.15}$$

$$A_{NS} = \pi r^2 \sin^2\psi \tag{2.16}$$

V 为晶核的体积，其值为

$$V = \pi r^3 \left(\frac{2 - 3\cos\psi + \cos^3\psi}{3} \right) \tag{2.17}$$

接触角与界面能之间的关系为

$$\cos\psi = \frac{\Delta e_{LN} - \Delta e_{NS}}{\Delta e_{LN}} \tag{2.18}$$

将(2.15)式～(2.18)式代入(2.14)式，求极值可得

$$r_c = \frac{2\Delta e_{LN}}{\Delta e_{vol}} \tag{2.19}$$

由此，异相成核过程的临界自由能可表示为

$$\Delta G_{\mathrm{c}} = \frac{16\pi\Delta e_{\mathrm{LN}}^3}{3\Delta e_{\mathrm{vol}}^2}\left[\frac{(2+\cos\psi)(1-\cos\psi)^2}{4}\right] \tag{2.20}$$

如果将 $\dfrac{(2+\cos\psi)(1-\cos\psi)^2}{4}$ 定义为与接触角有关的因子 γ_ψ ，则

$$\gamma_\psi = \frac{(2+\cos\psi)(1-\cos\psi)^2}{4} \tag{2.21}$$

由上式可知，当 $\psi > 0$ 时，γ_ψ 总为正值，且有 $0 \leqslant \gamma_\psi \leqslant 1$。当 $\psi \to \pi$ 时，$\gamma_\psi \to 1$。比较(2.9)式与(2.20)式可知，异相成核的临界自由能总低于均相成核的值。该现象表明，异相成核比均相成核要容易发生。这是因为不均匀部位和外来基质的存在，提供了晶体赖以生长的晶核，降低了以界面能为主要障碍的临界自由能，从而减小了成核所需的驱动力，所以液体介质只需较小的过冷甚至无需过冷就开始结晶。因此，异相成核大大加快了结晶成核过程。从(2.20)式同时还可看出，晶核与成核剂之间的接触角 ψ 越小，则临界自由能就越低，对成核也越有利。

悬浮于大气中的液态水滴尽管刚开始处于过冷态，满足结晶的热力学条件，但由于无外来基质的干扰，所以其成核过程以均相成核为主。因此，尽管环境温度满足结晶热力学条件，但由于均相成核速率相对较慢，因而在宏观上却依然以液态存在。当过冷水滴与飞机表面相撞时，一方面撞击过程大大提高了水分子间的碰撞频率；另一方面飞机表面不但提供了过冷水异相成核所需的外来基质，而且使晶核与基质间的接触角 ψ 减小，成核过程所需的临界自由能 ΔG_{c} 相应减小，临界晶核数增加，从而使成核速率 I_ν 增大，加快了结晶过程的发生。这正是大气中过冷水滴能在低于凝固点的条件下存在而在撞击后却又迅速结晶的主要原因。

对于纯水，当温度达到 $-40℃$ 时一般可完成均相成核过程[6]，在没有外来基质影响的条件下，低于 $-40℃$ 的纯水均可由自身均相成核提供晶核并继而形成晶体。这也是一般飞机的飞行环境中，过冷水滴的过冷态主要介于 $-40 \sim 0℃$ 的本质原因。

2.1.3　结冰过程的晶体生长特性

当晶核形成后，晶体的生长便成为影响凝固速率的主要因素。根据热力学观点，系统总自由能的下降是晶体生长的推动力。晶体的生长过程可理解为液相中的质点迁移到晶核表面并长入晶体结构内的过程，即固-液相界面向液相推进的过程。因此，界面特点对于结晶动力学与结晶形态有着重要的影响。

新相成核后的晶体生长方式有两种：扩散控制型生长和界面控制型生长[5]。

扩散控制型生长是受原子(或分子)的长距离体积扩散所控制，而界面控制型生长则是受界面上原子(或分子)的短程迁移所控制。一般的相变兼有体积扩散和界面反应，因此晶体生长的驱动力一部分用于体积扩散，另一部分用于界面反应。界面反应的迁移速率 v 可表示为

$$v = M\Delta G_b \tag{2.22}$$

其中，M 为迁移因子；ΔG_b 为界面反应驱动力。根据 Turnbull 的研究结论，单相材料的迁移因子 M 的计算表达式为

$$M = \frac{WD_b V}{b^2 RT} \tag{2.23}$$

其中，W 为界面宽度；b 为原子间距；D_b 为界面扩散率；R 为气体常数。

将(2.23)式代入(2.22)式，可得

$$v = \frac{WD_b V}{b^2 RT}\Delta G_b \tag{2.24}$$

扩散控制的界面迁移速率可表示为

$$v = CD_V \Delta T \tag{2.25}$$

其中，C 为常数；D_V 为体积扩散率。

根据(2.24)式可知，当结晶温度越低，即过冷度越大时，界面反应的迁移速率越大。根据(2.25)式，过冷度是影响扩散控制界面迁移速率的主要原因之一。因此，无论是对于扩散控制型生长还是界面控制型生长，降低温度均是加速晶体生长速率的主要因素。这也是过冷度越大，结冰生长越快的内在原因。

2.2　过冷水滴结晶的动力学特性

相变过程包括成核和生长两个主要阶段，因此整个过程受热力学条件和动力学因素的控制。动力学研究的目的是探究反应条件各参数对反应速率的影响，以及物质结构和反应能力之间的关系。因此，结晶过程的动力学研究结论可提供过冷水滴结晶机理和反应速率方面的信息[8-11]。

一般的液-固相变过程在微观上表现为晶体成核过程和晶体生长过程。同样，飞机表面过冷水滴的结冰过程可分为水滴在飞机表面的撞击成核过程和撞击后冰晶体的生长过程。同时，根据热力学的观点，过冷是液-固相变的驱动力[5]，因而液-固相变的发生实际上均是在一定的过冷条件下完成的。飞机表面结冰发生的温度范围通常介于 $-40\sim0\,^\circ\mathrm{C}$[12]，本节着重研究该温度范围内水滴结晶过程的液-固相变动力学特性，以期为研究飞机表面结冰的微观机理，并建立飞机表面冰层生

长的宏观模型提供参考。

2.2.1 降温速率对凝固特性的影响

飞机结冰是过冷水滴撞击于机体表面而发生的特殊凝固过程，其实质是过冷水滴的动态结晶过程。水的结晶过程是典型的一级相变过程[5-9]，也是一个体系自由能降低的过程，即水分子在相变驱动力的作用下，从高自由能的液态结构转变为低自由能晶体结构的过程。飞机结冰过程在宏观上表现为冰形的生长与演化，在微观上则表现为晶核形成与晶体生长过程，整个过程受热力学条件和动力学因素的控制[10,11]。在水滴凝固的初始阶段，过饱和态的水分子首先在分子力的作用下相互碰撞并不断聚集而形成凝固核心，然后水分子在化学势的作用下与凝固核心表面碰撞并黏附，使凝固核心缓慢长大并生长成为晶体[12,13]。

过冷水滴在飞机表面的撞击结冰过程，是典型的异相形核过程。水滴撞击形成的振动效应有效加速了结晶的形核过程，但其晶体生长过程则与水滴的静态结晶过程有着相似的机制[14,15]。因此，从热力学角度研究过冷水滴结冰的凝固机制，可获得飞机表面结冰过程中晶体微观生长速率方面的有效信息，以利于揭示飞机结冰过程的内在驱动力、结冰速率的影响因素及其作用规律，因而对飞机结冰过程精细预测模型的建立具有重要意义。

尽管飞机结冰过程是伴随撞击的动态结冰过程，但其撞击形核之后的凝固过程与静态结冰有较强相似之处。由于示差扫描量热(DSC)法可以精细测量相变过程中的热效应，并有效获取凝固过程的热行为，所以在结晶特性研究方面有着广泛应用[16,17]。因此，为获得过冷水滴结冰过程的凝固特性，本节采用示差扫描量热法开展了水滴结晶行为的实验研究。

如果将结晶凝固过程视为广义的化学反应过程，则也必然符合反应动力学方程。借鉴一般的化学反应过程，其动力学方程满足

$$\frac{\mathrm{d}X}{\mathrm{d}t} = kf(X) \tag{2.26}$$

其中，X 为反应分数；t 为时间；k 为速率常数。假定结晶过程中每个结晶单元所产生的结晶热均相等，则在 t 时刻的反应分数 X 即为结晶分数，其表示为

$$X = \frac{Q_t}{Q_0} \tag{2.27}$$

式中，Q_t 为 t 时刻的结晶热；Q_0 为结晶过程的总结晶热。

Avrami 结合成核频率及生长速率等随时间变化的因素，得到了如下相变动力学的一般表达式：

$$1 - X_t = \exp(-Z_t t^n) \tag{2.28}$$

式中，X_t 为结晶时间 t 时刻的相对结晶度；n 为 Avrami 指数，与成核机理和晶体生长方式有关，且等于晶体生长的空间维数与成核过程的时间维数之和；Z_t 为结晶速率常数，包含成核和结晶两方面，并与结晶温度有关。

　　为获得过冷水滴结晶过程的凝固特性，本研究以去离子水作为实验样品，采用 TAQ-20 示差扫描量热仪开展了水滴凝固过程的示差扫描量热测试。先升温以消除热历史，采用示差扫描量热仪记录不同降温速率(即冷却速率)条件下水滴凝固过程的热焓变化过程，从而获得相应过程的热分析谱图。考虑飞机表面过冷水滴结冰发生的温度范围通常介于-40～0℃。为研究不同冷却速率对相变动力学行为的影响，并覆盖飞机结冰通常发生的温度范围，分别以 2℃/min、5℃/min、10℃/min 及 15℃/min 四种不同的降温速率将试样由常温冷却至-50℃，采用示差扫描量热仪记录结晶过程的热分析谱图，从而获得过冷水的结晶动力学参数。

　　为了求取过冷水的结晶动力学参数，对式(2.28)进行变换可得

$$\ln[-\ln(1-X_t)] = \ln Z_t + n\ln t \tag{2.29}$$

　　考虑到非等温结晶过程中温度是以一定的速率变化的，Jeziorny 将 Avrami 等温动力学方程推广到非等温过程，并将非等温结晶速率的方程表示为

$$1 - X_t = \exp(-Z_c t^n) \tag{2.30}$$

其中

$$X_t = \int_{T_i}^{T} \frac{dH_c}{dt} dt \bigg/ \int_{T_i}^{T_\infty} \frac{dH_c}{dt} dt \tag{2.31}$$

式中，T_i 为结晶开始的温度；T_∞ 为结晶完成时的温度。

　　对于非等温结晶过程，结晶时间与温度之间有如下关系：

$$t = |T_i - T|/D \tag{2.32}$$

式中，D 为降温速率，$D = dT/dt$。

　　根据(2.32)式，试样在温度 T 时的相对结晶度可由示差扫描量热曲线中温度 T 之前的结晶峰面积与总结晶峰面积之比得到。

　　非等温结晶过程的速率常数 Z_c 的修正如下式：

$$\ln Z_c = \ln Z_t/D \tag{2.33}$$

　　文献[16]和[17]将 Avrami 方程和 Ozawa 方程相结合，建立了降温速率 D 与结晶时间 t 之间的如下关系：

$$\ln D = \ln F(T) - a\ln t \tag{2.34}$$

其中，$F(T) = [K(T)/Z_t]^{1/m}$；$a = n/m$；m 为 Ozawa 指数。

　　根据方程(2.34)，在一相同的结晶度下，以 $\ln D$ 对 $\ln t$ 作图，得到截距为

$\ln F(T)$，斜率为 $-a$ 的直线。其中，$F(T)$ 代表单位时间内要达到某一结晶度时所必须选取的冷却速率值，表征结晶体系在一定时间内达到某一结晶度时的难易程度。$F(T)$ 越大，则体系的结晶速率越低。

考虑非等温结晶过程中不同降温速率的影响，采用 Kissinger 法求出其活化能。

$$\frac{\mathrm{d}[\ln(D/T_\mathrm{p}^2)]}{\mathrm{d}(1/T_\mathrm{p})} = -\frac{\Delta E}{R} \tag{2.35}$$

其中，ΔE 为非等温结晶活化能；R 为气体常数；T_p 为降温过程的峰值温度。

图 2.2 为不同降温速率条件下热熔随温度的变化历程。表 2.1 是根据示差扫描量热图谱获得的结晶动力学参数。可以看出，在不同的降温速率条件下，水滴凝固过程显示出不同程度的过冷效应。凝固过程降温速率越大，结晶的起始温度及结晶峰越向低温方向移动，过冷效应相对越显著，反之亦然。这是由于降温速率越大，水分子形成晶核的时间较短，其在结晶时进行排列的有序性也相对越差，因此形核滞后、初始结晶推迟，从而使初始结晶温度向低温区移动。反之，当降温速率减小时，水分子有充足的时间形成晶核并进行有序排列，从而使初始结晶提前，过冷效应相应减弱。同时从图 2.2 还可以看出，降温速率越大，结晶峰也相对越宽；反之，降温速率越小，结晶峰也相对越窄。这是由于在较高的降温速率条件下，部分进入晶相结构的水分子来不及结晶或结晶不完善就被冷却下来，使形成的晶体完整性相对较差，从而造成熔融范围变大、结晶峰变宽。

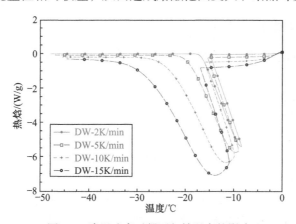

图 2.2 降温速率对凝固起始温度的影响

图 2.3 为水滴结晶过程热熔随时间的变化历程。可以看出，降温速率越大，凝固起始时间相对越早。这是由于随着降温速率的增大，液-固相变过程的热力学驱动势也相对越大，因而凝固速率相应提高，结晶过程的速率常数也相应增大(表 2.1)。

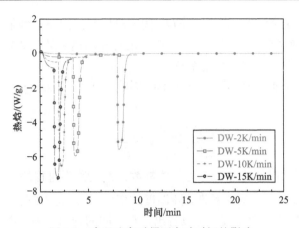

图 2.3　降温速率对凝固启动时间的影响

表 2.1　水滴结晶动力学参数

$D/(\text{℃/min})$	$T_i/\text{℃}$	$T_p/\text{℃}$	Z_t
2	−15.3	−8.7	0.0608
5	−15.8	−9.3	0.3985
10	−16.6	−10.2	0.7118
15	−17.5	−11.4	0.8353

2.2.2　异相形核对凝固特性的影响

在实际飞机结冰过程中，水滴在机体表面的撞击提供了异相形核的条件[4, 7]，从而加速了凝固的启动。因此，为了研究飞机结冰过程异相形核条件下的水滴凝固过程，本节通过添加冰晶作为晶种的方式人工构建异相形核条件，并在此基础上研究凝固过程的结晶特性。

图 2.4 显示了添加晶种和不添加晶种条件下，降温速率分别为 5℃/min 和 10℃/min 时水滴凝固过程的热熔释放特性曲线图。可以看出，对于无晶种添加的实验工况(红色曲线)，由于均相形核过程相对困难，因而结晶过程的启动及潜热的释放过程也相对滞后。水滴的降温速率越大，晶体生长过程的启动也相对越早($\Delta t_1 < \Delta t_2$)。同时，由于结晶过程释放出的潜热在一定程度上起到了加热作用，所以水滴温度有回升的趋势。而对于添加晶种的实验工况(绿色曲线)，一旦外部施加过冷条件，结晶过程便开始启动，潜热的释放过程逐步开始并相对较长，因而潜热释放引起的温度回升现象也消失。这是由于晶种添加导致了异相形核条件的形成，从而加快了形核速率，并提供了晶体生长过程的触发条件。因此，对于

悬浮于空中的过冷水滴，尽管大气低温环境提供了水滴发生液-固相变的外在驱动力，但由于均相形核的难度[11,12,18,19]，因而水滴能够以过冷态悬浮于空中。而过冷态水滴一旦撞击到飞机，机体表面的外部基质及撞击形成的振动效应就为异相形核提供了有利条件，从而形成了晶体生长过程的快速触发及迅速结冰的现象。

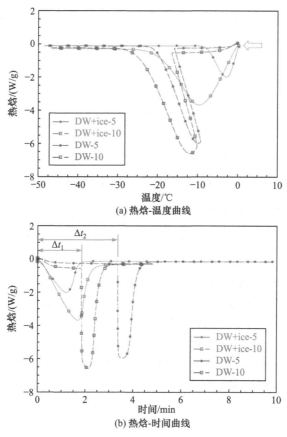

图 2.4 晶种对凝固过程热焓释放特性的影响

为了进一步研究晶种添加对相变动力学行为的影响，根据实验数据可求取不添加晶种与添加晶种两种结晶过程的活化能。根据 2℃/min、5℃/min、10℃/min 及 15℃/min 四种不同的降温速率条件下不加晶种与添加晶种两种结晶过程的示差扫描量热测试数据，即可根据式(2.35)求取结晶过程的活化能。如图 2.5 所示，测试 1 为不添加晶种工况，测试 2 为添加晶种工况，线性 1 和线性 2 分别为两种测试条件下的线性回归图。根据回归结果可得，添加晶种后结晶过程的活化能为 158.8kJ/mol，较不添加晶种的结晶活化能 223.1kJ/mol 降低了 29%。由于添加晶种显著降低了其结晶反应的活化能，使液-固相变须克服的能垒减小，从而有效加速了结晶反应过程,这也正是图2.4中添加晶种后结晶速率加快现象出现的内在原因。

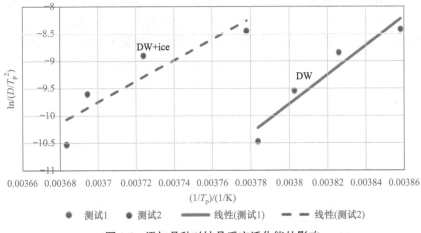

图 2.5　添加晶种对结晶反应活化能的影响

2.2.3　二次结晶对凝固特性的影响

在飞机防/除冰过程中,往往容易形成融冰后溢流水的二次结晶现象。为了研究二次结晶与一次结晶的不同凝固特点,本节设计了去离子水加晶种凝固后,以完全融化与不完全融化两种模式进行二次结晶的示差扫描量热实验,以研究溢流水含晶种与不含晶种对二次结晶过程的影响(如图 2.6 和图 2.7 所示)。其中工况1(DW+ice-5-1)为一次结晶不完全融化条件下的二次结晶过程,工况 2(DW+ice-5-2)为同一试样在一次结晶完全融化条件下的二次结晶过程。

图 2.6 显示了两种条件下水滴凝固过程中热焓随时间的变化特性。可以看出,在一次凝固过程中,两种凝固工况的一次凝固的起始时间相差较小;但在二次凝

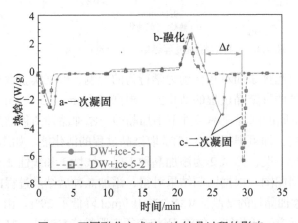

图 2.6　不同融化方式对二次结晶过程的影响

固中，工况 1 的不完全融化形成的晶种，使其二次凝固的起始时间较工况 2 提前了 Δt。该现象表明，晶种的存在为二次凝固提供了较好的异相形核条件，从而有效加速了二次结晶的触发。

图 2.7 显示了二次结晶过程的热熔-温度曲线。从图 2.7(a)可以看出，对于工况 1 的不完全融化过程，一次凝固与二次凝固放热峰出现的时间基本一致；而从图 2.7(b)可以看出，对于工况 2 的完全融化过程，其一次凝固与二次凝固形核条件的差异，使二次凝固的放热峰较一次凝固过程显著滞后。因此，对于二次结晶过程，应考虑晶种存在对结晶速率的影响。

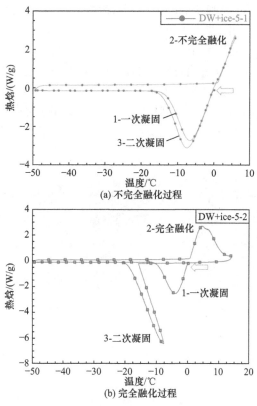

(a) 不完全融化过程

(b) 完全融化过程

图 2.7　二次结晶过程的热熔-温度曲线

2.2.4　凝固条件对晶粒微观结构特征的影响

凝固条件不但是影响结冰速率的重要因素，同时也是影响结冰宏观形貌[20,21]、微观结构特征从而影响冰相密度、黏附特性等物性参数的重要因素。为了进一步研究凝固条件对冰晶形成过程凝固组织特征的影响，本节采用 NACA0012 翼型在 0.3m × 0.2m 结冰风洞内开展了不同过冷条件下的结冰实验，并在低温环境下采用显微镜获得了不同结冰条件的冰相微观结构特征(图 2.8)。

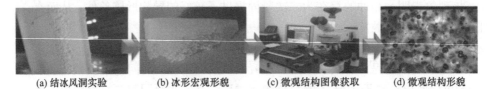

(a) 结冰风洞实验   (b) 冰形宏观形貌   (c) 微观结构图像获取   (d) 微观结构形貌

图 2.8   结冰微观结构图像获取实验流程示意图

图 2.9 为来流速度为 25m/s,液态水含量为 0.55g/m³,来流温度 T 分别为–3℃、–8℃及–13℃条件下的结冰风洞获取的结冰宏观形貌,图 2.10 为相应条件下的冰相微观结构图像。微观结构图像中黑色气泡为含水滴的气-液两相流撞击物面快速冻结而形成的特殊现象。可以看出,当来流温度相对较高时,冰相的微观结构图像具有晶粒相对较大、晶粒数量相对较少的特点,其宏观形貌也更加透明;而在来流温度相对较低时,结冰的微观结构图像具有晶粒相对较小、数量较多、晶体不规则程度相对较高的特点,而其宏观形貌的透明度则相对降低。这是由于结冰环境温度越低,相同结冰时间内的冷却速率也越大,所以晶核的临界半径和形核

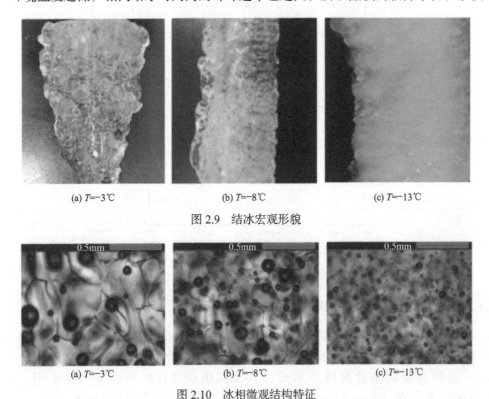

(a) T=–3℃   (b) T=–8℃   (c) T=–13℃

图 2.9   结冰宏观形貌

(a) T=–3℃   (b) T=–8℃   (c) T=–13℃

图 2.10   冰相微观结构特征

功相应减小，从而使形核过程具有更好的热力学条件。但与此同时，冷却速率的增大，使晶体生长过程不够充分，因而晶体数量较多、尺度较小，晶体不规则程度也相对较高。这与图 2.2 中随着冷却速率增大结晶峰变宽的现象有着相同的内在机制。因此，过冷条件不但是影响结晶速率的重要因素，同时也是影响凝固组织结构特征[22]从而影响结冰表观形貌及冰相物性参数的重要因素[23-26]。

图 2.11 为结冰融化后因溢流形成的二次结晶的宏观形貌及微观结构特征。相对于一次撞击凝固过程，尽管二次凝固由于晶核的存在使起始凝固速率提高(图 2.6)，但由于后期溢流导致的凝固时间相对较长，气泡有充足的时间逸出，因而微观结构中气泡相对较少，冰相更为致密，表观透明度也相对更高。

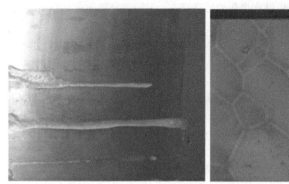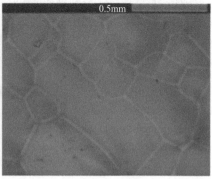

图 2.11 二次结晶宏观形貌及微观结构特征

针对飞机结冰过程中过冷水滴结冰的特殊凝固过程，本节基于相变热力学及动力学相关理论，结合示差扫描量热法、风洞试验及微观图像测试方法研究了过冷水滴凝固机理及凝固组织特征，获得了飞机结冰过程的驱动力、结冰速率和凝固组织特征的影响因素及作用规律。可以看出：

(1) 冷却速率是影响过冷水滴结晶速率及结晶完善程度的重要因素。降温速率相对越大，结晶速率常数越大、结晶速率相应提高。同时，晶体排列的有序性降低，结晶初始温度向低温方向移动，过冷效应相对显著；反之亦然。

(2) 过冷度对冰相的宏观及微观形貌均有着重要影响。过冷度越大则相同时间内冷却速率越大，晶体生长过程越不充分，冰相不规则程度相对较高，晶粒密度较大、尺度较小，冰相表观透明度相对降低；反之，过冷度越小，晶粒密度较小、尺度较大，冰相表观透明度相对较高。这也是明冰、霜冰及混合冰等不同冰形形成的内在原因。

(3) 异相形核条件对加速结晶过程有重要促进作用，晶种的存在可有效加速二次结晶的触发，使过冷效应显著减弱。同时，二次结晶因冰晶生长时间充分，气泡相对较少，冰相更为致密。因此，为提高防/除冰过程形成二次结晶现象预测的精细化程度，应考虑形核及生长过程的差异对冰相特征的影响。

参 考 文 献

[1] Sang W, Jiang S, Li F. Icing research for airfoil and multi-element airfoil. AIAA-2006-3647, 2006.

[2] National Transportation Safety Board. Aviation Accident Statistics，2008.

[3] Roisman I V. Fast forced liquid film spreading on a substrate: Flow, heat transfer and phase transition. Journal of Fluid Mech., 2010, 656: 189-204.

[4] Blake J, Thompson D, Raps D, et al. Simulating the freezing of supercooled water droplets impacting a cooled substrate. AIAA Journal, 2015, 53(7): 1725-1739.

[5] 杜雁霞, 桂业伟, 肖春华, 等. 飞机结冰过程的传热研究. 工程热物理学报, 2009, 30(11): 1923-1925.

[6] Shibkov A A, Golovin Y I, Zheltov M A, et al. Morphology diagram of nonequilibrium patterns of ice crystals growing in supercooled water. Physica A: Statistical Mechanics and Its Applications, 2003, 319: 65-79.

[7] 杨志强. 大气压等离子体气相沉积制备超疏水表面及其防冰研究. 重庆: 重庆大学, 2016.

[8] Tabakova S, Feuillebois F, Radev S. Freezing of a suspended supercooled droplet with a heat transfer mixed condition on its outer surface. 1st International Conference on Applications of Mathematics in Technical and Natural Sciences, AIP Publishing, 2009, 1186(1): 240-247.

[9] 杜雁霞, 桂业伟, 肖春华, 等. 飞机结冰过程的液/固相变传热研究. 航空动力学报, 2009, 24(8): 1824-1830.

[10] Campos A L, Silva N T, Melo F C L, et al. Crystallization kinetics of orthorhombic mullite from diphasic gels. Journal of Non-Crystalline Solids, 2002, 304(1):19-24.

[11] Iqbal N, van Dijk N H, Verhoeven V W J, et al. Experimental study of ordering kinetics in aluminum alloys during solidification. Acta Materialia, 2003, 51 (15): 4497-4504.

[12] Davis S. Theory of Solidication, Cambridge Mongraphs on Mechanics. Cambridge，New York: Cambridge University Press, 2001.

[13] 肖光明, 杜雁霞, 王桥, 等. 考虑非平衡效应的过冷水滴凝固特性. 航空学报, 2017, 38(2): 74-80.

[14] 曲凯阳, 江亿. 均质形核结冰随机性及形核率的研究. 物理学报, 2000, 49(11): 2214-2219.

[15] Ellen N, Jacco M H, Edwin W, et al. Aircraft icing in flight: effects of impact of supercooled large droplets. 29th Congress of the Aeronautical Sciences St. Petersburg, Russia, September 7-12, 2014.

[16] Liu M, Zhao Q, Wang Y, et al. Melting behaviors, isothermal and non-isothermal crystallization kinetics of nylon 1212. Polymer, 2003, 44(8): 2537-2545.

[17] 谢月涵. 铝基超疏水表面过冷液滴结晶过程及防冰性能研究. 南京: 南京航空航天大学, 2019.

[18] 管东波. 几种表面防冻粘涂料的制备及涂层性能试验研究. 长春: 吉林大学, 2017.

[19] 潘环, 艾剑良.飞机结冰冰形预测的建模与仿真. 系统仿真学报, 2014 , 26 (1): 221-224.

[20] Li Y, Wang S L, Sun C, et al. Icing distribution of rotating blade of horizontal axis wind turbine

based on Quasi-3D numerical simulation. Thermal Science, 2018, 22(suppl.2): 681-691.

[21] 黄起森, 刘礼, 韦修勋, 等. 过冷 Ni-P 合金的凝固行为. 物理学报, 2012, 61(16): 166401.

[22] 杜雁霞, 李明, 桂业伟, 等. 飞机结冰热力学行为研究综述. 航空学报, 2017, 38(2): 520706-520717.

[23] 李伟斌, 易贤, 杜雁霞, 等. 基于变分分割模型的结冰形测量方法. 航空学报, 2017, 38(1): 95-102.

[24] 桂业伟, 周志宏, 李颖晖, 等. 关于飞机结冰的多重安全边界问题. 航空学报, 2017, 38(2): 1-12.

[25] Du Y, Xiao G, Liu L, et al. Study of solidification and microstructure characteristics for aircraft icing. International Journal of Thermophysics, 2020, 41(2): 24.

[26] 杜雁霞, 肖光明, 张楠, 等. 过冷水滴凝固机理及凝固组织特征. 航空学报, 2019, 40(7): 122627.

第3章　飞机结冰过程的相变传热特性

肖光明　　杨肖峰

从第2章的研究可以知道，液-固相变在宏观上表现为界面随时间的移动，在微观上则包含了晶体的成核和生长两个过程。晶体生长微观过程的非线性特征决定了宏观相变速率的非线性特征。因此，为了准确预测不同气象和来流条件下冰的形成和生长规律，适应不同条件的结冰预测要求，需在结冰过程液-固相变机理研究的基础上，建立能科学描述结冰传热特性的数理模型[1-4]。

自 20 世纪 70 年代，很多学者开始采用计算流体力学(computational fluid dynamics, CFD)的方法来预测飞机的结冰过程，并发展了一系列的计算软件。在这些软件中，对于结冰表面热力学过程的描述是其中的重要部分，大多计算软件均采用的是 Messinger 热力学模型[5]。该模型以简单的能量平衡为基础，忽略了相变介质内部的温度梯度及传热过程，仅通过结冰表面热量的收支平衡来建立相变过程的描述体系。由于热力学模型描述的是系统平衡状态下的性质和能量平衡关系，以及状态发生变化时系统与外界的能量传递和转换关系，不考虑能量的传递速率，模型中结冰的液-固相变过程仅考虑了潜热在量上的平衡，而忽略了相变传热的速率效应。Messinger 热力学模型忽略了热量传递的速率特征，实质上隐含了热扰动传播速度无穷大的一种假定。由于潜热的释放需要一个过程，对于环境温度低、液态水含量小、水滴平均直径小等条件下的结冰过程，水滴的相变潜热能在短时间内予以传输，因而热扰动传播速度无穷大的假设近似成立；对于高环境温度、大尺度过冷水滴和大水滴直径条件下的结冰过程，由于潜热的释放过程受固、液相区热阻的影响，热扰动传播速度无穷大的假设则存在很大的局限性。同时，研究也发现，采用 Messinger 模型计算所得到的霜冰外形与实验结果吻合较好，而对于明冰和混合冰的预测则与实验结果有着较大的差异，从而证实了包含了该隐含假设的模型在明冰、混合冰和 SLD 结冰预测过程的局限性[6-9]。

由于传热研究是利用可以预测能量传递速率的一些定律去补充热力学的分析，因此，本章将固、液相区的传热过程考虑在内，建立一种较为通用的结冰传热模型，并采用该模型分析了飞机结冰过程中冰层和液膜生长的影响因素及其作用规律。考虑到实际的湿模式结冰过程中，由于气动剪切力、重力和表面张力的共同作用，结冰表面液膜的流动特性成为影响结冰微观形态和晶体生长并进而影响冰层生长速率的重要因素，因此，本章在对导热控制的传热特性研究的基础上，基于液-固相变和液膜流动的基本理论，对考虑液态水溢流条件下飞机结冰过程的传热特性进行了进一步的研究，初步建立了溢流与液-固相变耦合作用下的结冰传热模型，并分析了溢流对液-固相变传热的影响及其作用规律。

3.1 无溢流条件下结冰传热特性的研究

3.1.1 结冰表面的热量交换过程

在结冰条件下，当飞机在大气中飞行时，大气中的过冷水滴撞击在飞机表面，与飞机表面及来流进行热量交换，释放出潜热并凝固形成结冰[10]。当不考虑溢流时，结冰过程的典型热量交换包括：来流与飞机表面的对流换热过程、飞机表面液体的蒸发传热过程、水滴动能撞击表面后转换为热能的过程、水滴的显然交换过程、水滴的潜热释放过程，以及气流对飞机表面的气动加热过程，如图 3.1 所示。

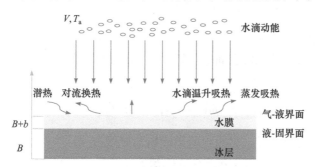

图 3.1 结冰表面热量交换过程示意图

对于飞机表面的对流换热可表示为

$$q_c = \alpha_c(T - T_a) \tag{3.1}$$

其中，α_c 为对流换热系数；T_a 为来流温度。

当气流流过湿表面时，由于飞机表面温度高于附面层外边界温度，因此紧贴湿表面的空气层中水蒸气的浓度比附面层外边界上空中水蒸气的浓度要高，因此水分子由表面层向附面层边界扩散，形成湿表面与外界气流的质量交换，该过程就是表面水的蒸发过程。由于蒸发过程同时伴随着传质与传热过程，因而水分子在离开湿表面的同时也带走了大量的热量。蒸发所带走的热量可描述为[11,12]

$$q_e = 0.622 \frac{aL_e}{C_p}\left(\frac{e_s}{p_1} - \frac{e_0}{p_0}\right) \tag{3.2}$$

其中，L_e 为蒸发潜热；e_s、e_0 分别为结冰表面及来流温度相对应的饱和蒸气压；p_1、p_0 分别为结冰表面及来流中的水蒸气分压力。

云层中的过冷水滴可认为与大气温度相同，水滴被飞机表面所收集时，水滴温度被加热至飞机表面温度 T_s，则收集水滴温升所需的热量为

$$q_w = mc_w(T - T_a) = (\text{LWC})\beta V c_w(T - T_a) \tag{3.3}$$

其中，LWC 为液态水含量；V 为来流速度；β 为水收集系数。

在附面层内，由于黏性力的影响，气流速度由自由流减小到表面速度为 0。当气体在物面滞止时，气体微团的动能变成热能，使气温升高。在 $V = 0$ 处，气体本应达到滞止温度，但此温度高于周围气体温度，要损失一部分热量，使表面空气层气动温升小于滞止温度，气动温升可表示为[13]

$$\Delta t = \gamma^* \frac{V^2}{2C_p} \tag{3.4}$$

气动温升对表面的加热量为

$$q_a = \alpha_c \gamma^* \frac{V^2}{2c_a} \tag{3.5}$$

式中，γ^* 为附面层恢复系数。

云层中的过冷水滴被飞机表面所收集时，水滴速度由 V_0 变为 0，水滴动能转变的热能为

$$q_k = \frac{1}{2}mV^2 = \frac{1}{2}(\text{LWC})\beta V^3 \tag{3.6}$$

当过冷水滴凝固成冰时，水滴释放出的相变潜热为

$$q_f = (\text{LWC})\beta V L_f \tag{3.7}$$

式中，L_f 为相变潜热。

根据热力学第一定律，结冰表面的能量平衡方程可描述为

$$q_c + q_e + q_w = q_a + q_k + q_f \tag{3.8}$$

3.1.2　导热控制条件下的传热模型

根据来流条件的不同，当空气中的过冷水滴撞击到飞机表面时，通常会出现表面无液膜和液-固共存的两种结冰现象。为了使所建模型具有通用性，本研究以固-液共存条件下的结冰过程作为研究对象。在该类结冰条件下，表面所收集的液态水不能在瞬间完全凝固，一方面，液-固相界面不断地向液相区移动，另一方面，由于来流持续不断地进入液相区域，使液膜与空气接触的液-气界面不断向空气区推进，结冰过程呈现出固、液双区共存和液-固、液-气双界面同时移动的复杂相变特征[14]。

为便于研究，将该类结冰定义为湿模式结冰，而将仅存在冰层固相区和气-固单界面移动的结冰过程定义为干模式结冰。为简化问题，作如下假设：液态水撞击飞机表面形成的异相成核过程，使液-固相变的结晶成核过程能够在很短时间内完成，因而不考虑水滴凝固过程的过冷效应；固、液相区采用不同密度进行计算，但由于固-液相密度差相对较小，且水的物性参数随温度变化相对较小，因而忽略液相区因体积变化而引起的附加流动及各区物性参数随温度的变化；由于在飞机结冰研究的压力范围内，水的固、液平衡温度随压力的变化微小，因此，可以认为液-固相变温度为一常数 T_p，且相变过程不存在模糊区；忽略液相区的对流传热影响，认为固、液相区内的传热为导热控制；不考虑表面收集水的溢流及脱落效应。

根据上述假设，飞机结冰表面的简化物理模型如图 3.2 所示。

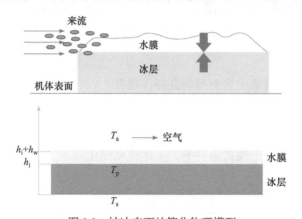

图 3.2 结冰表面的简化物理模型

根据上述模型，湿模式结冰的一维相变传热过程可描述如下。

固相区：

$$\frac{\partial T_i}{\partial t} = \frac{k_i}{\rho_i c_i} \frac{\partial^2 T_i}{\partial h^2} \tag{3.9}$$

液相区：

$$\frac{\partial T_w}{\partial t} = \frac{k_w}{\rho_w c_w} \frac{\partial^2 T_w}{\partial h^2} \tag{3.10}$$

液-固相界面：

$$\rho_i L_f \frac{dh_i}{dt} = k_i \frac{\partial T_i}{\partial h} - k_w \frac{\partial T_w}{\partial h} \tag{3.11}$$

其中，h 为厚度方向坐标；下标 i 和 w 分别代表冰层和液膜。

液-气相界面：

$$-k_{\mathrm{w}}\frac{\partial T_{\mathrm{w}}}{\partial h}=(q_{\mathrm{c}}+q_{\mathrm{e}}+q_{\mathrm{w}})-(q_{\mathrm{a}}+q_{\mathrm{k}}) \tag{3.12}$$

其中，q_{c} 为气流与表面的对流换热；q_{e} 为蒸发带走的热量；q_{w} 为过冷水滴温升吸收的热量；q_{a} 为气动加热量；q_{k} 为撞击在表面的水滴所具有的动能。

根据结冰表面的质平衡，有

$$\rho_{\mathrm{i}}\frac{\partial h_{\mathrm{i}}}{\partial t}+\rho_{\mathrm{w}}\frac{\partial h_{\mathrm{w}}}{\partial t}=(\mathrm{LWC})V\beta \tag{3.13}$$

在空气与液膜接触的气-液自由表面，有

$$h=h_{\mathrm{i}}+h_{\mathrm{w}} \tag{3.14}$$

则根据单相介质液-固相变过程的温度连续条件，在液-固相界面有

$$T_{\mathrm{i}}(h_{\mathrm{i}},t)=T_{\mathrm{w}}(h_{\mathrm{i}},t)=T_{\mathrm{p}} \tag{3.15}$$

其中，T_{p} 为相变温度。

假设冰层底面与飞机蒙皮表面接触良好，则有

$$T(0,t)=T_{\mathrm{s}} \tag{3.16}$$

其中，T_{s} 为蒙皮表面温度。

在结冰表面无液膜的干模式条件下，上述模型简化如下。

固相区：

$$\frac{\partial T_{\mathrm{i}}}{\partial t}=\frac{k_{\mathrm{i}}}{\rho_{\mathrm{i}}c_{\mathrm{i}}}\frac{\partial^{2}T_{\mathrm{i}}}{\partial h^{2}} \tag{3.17}$$

气-固相界面：

$$-k_{\mathrm{i}}\frac{\partial T_{\mathrm{i}}}{\partial h}=(q_{\mathrm{c}}+q_{\mathrm{e}}+q_{\mathrm{d}})-(q_{\mathrm{a}}+q_{\mathrm{k}}+q_{\mathrm{f}}) \tag{3.18}$$

质平衡方程：

$$\rho_{\mathrm{i}}\frac{\partial h_{\mathrm{i}}}{\partial t}=(\mathrm{LWC})V\beta \tag{3.19}$$

在空气与冰层接触的气-固表面，有

$$h=h_{\mathrm{i}} \tag{3.20}$$

初始条件：

$$t=0,\quad h_{\mathrm{i}}=0 \tag{3.21}$$

由于在飞机结冰过程中，冰层厚度一般为毫米量级，可将其内部导热过程视

为准稳态过程，此时有

$$\frac{\partial^2 T}{\partial h^2} \approx 0 \tag{3.22}$$

将上式进行两次积分，并代入边界条件(3.16)式和(3.18)式可得干模式结冰过程中冰层的温度分布为

$$T = T_s + \frac{q_{source} - \dfrac{q_{sink}}{T - T_a}(T_s - T_a)}{h_i q_{sink} / (T - T_a) + k_i} h \tag{3.23}$$

式中，将结冰表面吸热量的总和定义为热源 q_{source}，将放热量总和定义为热沉 q_{sink}，则有

$$q_{source} = q_a + q_k + q_f \tag{3.24}$$

$$q_{sink} = q_c + q_w + q_e \tag{3.25}$$

为简化计算，根据传热与传质的类比，将(3.2)式改写为如下形式：

$$q_e = m_e L_e = \gamma_e (T - T_a) L_e \tag{3.26}$$

其中，γ_e 为当量蒸发传热系数，其计算方法参考文献[4]。

根据(3.19)式，在来流参数一定的条件下，干模式下的冰层生长速率为一常数，冰层厚度为时间的线性函数：

$$h_i = (LWC)V\beta t / \rho_{id} \tag{3.27}$$

式中，ρ_{id} 为干模式下的结冰密度。

将(3.26)式、(3.27)式及各热量项表达式代入(3.23)式可得

$$T = T_s + \frac{q_{source} - (\alpha_c + LWC \cdot V\beta c_w + \gamma_e L_e)(T_s - T_a)}{\dfrac{(LWC)V\beta t}{\rho_i}(\alpha_c + LWC \cdot V\beta c_w + \gamma_e L_e) + k_i} h \tag{3.28}$$

定义单位温差放热量

$$\bar{q} = \alpha_c + LWC \cdot V\beta c_w + \gamma_e L_e \tag{3.29}$$

其中，α_c 为液膜表面的对流换热系数；c_w 为水的比热；L_e 为蒸发潜热。

则(3.28)式可简化为

$$T = T_s + \frac{q_{source} - \bar{q}(T_s - T_a)}{\dfrac{(LWC)V\beta t}{\rho_i}\bar{q} + k_i} h \tag{3.30}$$

从上式可以看出，在来流条件一定时，干模式结冰过程中某一时刻冰层内的温度呈线性分布，但其线性分布规律随时间的不同而变化。对于湿模式结冰过程

中，若将固、液相区的导热视为准稳态过程，则有

$$\frac{\partial^2 T_i}{\partial h^2} \approx 0 \tag{3.31}$$

$$\frac{\partial^2 T_w}{\partial h^2} \approx 0 \tag{3.32}$$

分别对(3.31)式、(3.32)式两式进行积分，并根据边界条件(3.12)式和(3.15)式可得冰层和液膜的温度分布分别为

$$T_i = \frac{T_p - T_s}{h_i}h + T_s \tag{3.33}$$

$$T_w = T_p + \frac{q'_{source} - \overline{q}(T_p - T_a)}{h_w \overline{q} + k_w}(h - h_i) \tag{3.34}$$

其中

$$q'_{source} = q_a + q_k \tag{3.35}$$

可以看出，对于干模式下的结冰过程，冰层厚度的计算可通过质平衡方程由(3.27)式得到，而不必求得温度分布；对于湿模式下的结冰过程，各相区的温度分布依赖于冰层和液膜的厚度，而各区的厚度变化又反过来依赖于各相区的温度分布，即温度分布与冰层和液膜的厚度变化是耦合的。为了求得该耦合问题的解，须补充相关条件。将冰层生长过程分为液膜出现之前的干模式和液膜出现之后的湿模式，并定义从干模式转变为湿模式的临界时间 t_c。对质量平衡方程(3.13)在湿模式区间 $(t_c \sim t)$ 进行积分，有

$$\int_{t_c}^{t}\left(\rho_i \frac{\partial h_i}{\partial t} + \rho_w \frac{\partial h_w}{\partial t}\right)\mathrm{d}t = \int_{t_c}^{t}(LWC)V\beta\mathrm{d}t \tag{3.36}$$

从而可得湿模式阶段液膜、冰层厚度与时间的关系：

$$(LWC)V\beta(t - t_c) = \rho_i(h_i - h_{ic}) + \rho_w h_w \tag{3.37}$$

经变换得

$$h_w = \frac{(LWC)V\beta(t - t_c) - \rho_i(h_i - h_{ic})}{\rho_w} \tag{3.38}$$

根据(3.33)式、(3.34)式及相界面能量方程(3.11)可得

$$\rho_i L_f \frac{\mathrm{d}h_i}{\mathrm{d}t} = \frac{k_i(T_p - T_s)}{h_i} - \frac{k_w[q'_{source} - \overline{q}(T_p - T_a)]}{h_w \overline{q} + k_w} \tag{3.39}$$

将(3.38)式代入(3.39)式，即可获得冰层厚度随时间的变化关系：

$$\rho_i L_f \frac{dh_i}{dt} = \frac{k_i(T_p - T_s)}{h_i} - \frac{\rho_w k_w [q'_{source} - \overline{q}(T_p - T_a)]}{[(LWC)V\beta(t - t_c) - \rho_i(h_i - h_{ic})]\overline{q} + \rho_w k_w} \tag{3.40}$$

在液膜出现的临界点，即冰层表面温度达到融化温度，此时有

$$\frac{\partial h_w}{\partial t} = 0 \tag{3.41}$$

$$T = T_p \tag{3.42}$$

根据(3.11)式、(3.12)式、(3.13)式及(3.41)式、(3.42)式，有

$$(LWC)V\beta L = \frac{k_i(T_p - T_s)}{h_{ic}} - [q'_{source} - \overline{q}(T_p - T_a)] \tag{3.43}$$

因此，从干模式转变为湿模式的临界冰层厚度为

$$h_{ic} = \frac{k_i(T_p - T_s)}{q'_{source} - \overline{q}(T_p - T_a) + (LWC)V\beta L_f} \tag{3.44}$$

由于在干模式下，冰层厚度与时间的关系可由(3.27)式表示，因此从干模式转变为湿模式的临界时间为

$$t_c = \rho_i h_{ic} / (LWC)V\beta \tag{3.45}$$

从结冰初始时刻到 t_c，冰层生长模式为干模式，在此期间，某一时刻的冰层厚度可由(3.27)式进行确定；从 t_c 时刻起，冰层厚度可由(3.40)式求解获得。从(3.40)式可以看出，在湿模式下，冰层生长速率 dh_i / dt 受固相冰层和液膜层内导热共同作用的影响，并与热源和热汇的变化密切相关。

由方程(3.13)及(3.40)式可得

$$\rho_w L_f \frac{dh_w}{dt} = (LWC)V\beta L_f - \frac{k_i(T_p - T_s)}{h_i} + \frac{k_w[q'_{source} - \overline{q}(T_p - T_a)]}{h_w \overline{q} + k_w} \tag{3.46}$$

根据(3.37)式可得

$$h_i = \frac{(LWC)V\beta(t - t_c) - \rho_w h_w}{\rho_i} + h_{ic} \tag{3.47}$$

将(3.47)式代入(3.46)式可得液膜厚度随时间的变化关系：

$$\rho_w L_f \frac{dh_w}{dt} = (LWC)V\beta L_f - \frac{k_i(T_p - T_s)}{\dfrac{(LWC)V\beta(t - t_c) - \rho_w h_w}{\rho_i} + h_{ic}}$$

$$+ \frac{k_w[q'_{source} - \overline{q}(T_p - T_a)]}{h_w \overline{q} + k_w} \tag{3.48}$$

3.1.3 计算与实验验证

采用上述模型对 $LWC = 1.2\text{g} / \text{m}^3$， $V = 60\text{m/s}$， $\beta = 0.5$， $T_a = -10℃$， $T_s = -15℃$， $T_p = 0℃$ 条件下的结冰过程进行计算，可得冰层和液膜的生长特性，如图 3.3 所示。从图可以看出，在来流条件不变的条件下，结冰表面各时刻所收集到的水量为一常数，而冰、水密度相差较小，因此冰层和液膜总厚度与时间近似呈线性关系。在结冰初期，由于冰层厚度相对较薄，液-固相界面所释放出的潜热能较快地进行传输，因而冰层生长速率相对较快而液膜生长速率相对较慢；在结冰后期，随着固相冰层厚度的增加，固相区内的热阻相应增加，液-固界面所释放出的热量在传输过程受到的热阻增加，因而表面所收集液态水的凝固比例逐渐减小，导致冰层生长速率的下降，此时，冰层生长速率相对较慢而液膜生长速率相对较快。

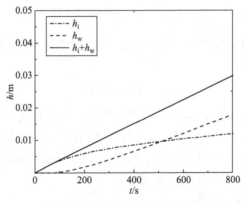

图 3.3   冰层和液膜的生长特性

图 3.4 显示了采用所建模型计算所得的液态水冻结比例 n 和冰层生长速率的变化曲线。可以看出，在 $0 \sim t_c$ 期间的干模式阶段，由于液态水在撞击表面的瞬间即完全凝固，因而在此期间，冻结比例 n 为 1，由于每单位时间内收集水量一定，因此冰层生长速率为一常数；在 t_c 以后的阶段，由于冰层厚度的增加，尽管单位时间内所收集到的水量相同，但液态水的潜热释放过程因热阻的增加而逐步减慢，因而冻结比例与冰层生长速率均呈下降趋势，且下降曲线随时间的延长逐渐趋于平坦，即结冰时间越长，冻结过程越趋稳态过程。

图 3.5 和图 3.6 分别为冰层和液膜固、液相区的温度分布及不同时刻的温度分布变化曲线。可以看出，在固相区，冰层内的温度值介于蒙皮温度 T_s 和相变温度 T_p 之间，而液膜层内的温度则介于相变温度 T_p 和来流温度 T_a 之间。说明该模型可较好地体现冰层表面未冻结液态水的过冷状态。结冰时间越长，冰层和液膜层相

对越厚，且液膜层表面温度越趋于来流温度 T_a。

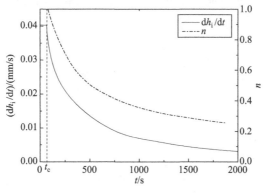

图 3.4　冻结比例和冰层生长速率曲线

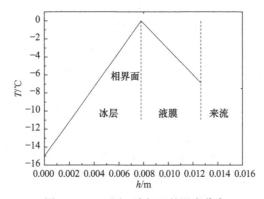

图 3.5　330s 固、液相区的温度分布

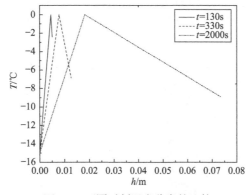

图 3.6　不同时刻温度分布的比较

　　若不考虑固、液相区的内部传热，则传热模型简化为 Messinger 模型，图 3.7 显示了前述计算条件下采用所建模型计算的冰层生长速率与 Messinger 模型计算

值的比较。可以看出，在固-液共存的结冰条件下，Messinger 模型计算的冰层生长速率为一恒定常数，而采用所建模型的计算值为一随时间逐渐下降的曲线，说明所建模型可较好地体现冰层生长过程的非线性特征。

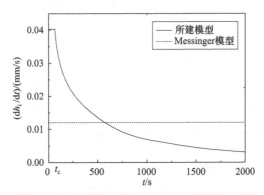

图 3.7　冰层生长速率与 Messinger 模型的比较

图 3.8 为不同表面在本单位的小型结冰风洞试验中获得冰形。图 3.8(a)为来流温度为–5℃，风速为 8m/s 条件下电缆表面的试验冰形界面；图 3.8(b)为来流温度为–10℃，风速为 50m/s 条件下 Φ20 的铝合金圆柱模型表面的试验冰形；图 3.8(c)为来流温度为–8℃，风速为 35m/s 条件下 Φ30 的不锈钢圆柱模型表面的试验冰形。

由图 3.8 可以看出，尽管结冰表面和来流条件不同，但在每一种试验工况下，当来流参数保持一定时，试验冰形均表现为霜冰和明冰共存的混合状态，只是结冰条件不同，初期的霜冰厚度有所差别。越靠近结冰表面，冰形特征越接近于霜冰，而越远离结冰表面，冰形特征越接近于明冰。如果将湿模式条件下的结冰称为明冰，而将干模式下的结冰称为霜冰，则试验现象与模型计算结果一致(如图 3.4 的冻结系数曲线)。即在结冰初期，液态水的冻结系数接近于 1，因而形成霜冰；越靠近结冰后期，冻结系数相对越小，因而冰形逐渐向明冰过渡。该现象

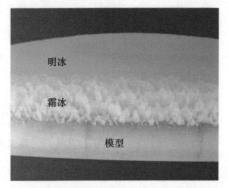

(a) 电缆表面, t=–5℃, V=8m/s　　　　　　　　(b) 铝合金圆柱表面, t=–10℃, V=50m/s

(c) 不锈钢圆柱表面, $t=-8℃$, $V=35m/s$

图 3.8 不同表面的结冰风洞试验冰形

说明，在实际结冰过程中，不同冰形的产生不仅与结冰条件有关，而且还与结冰的内部传热过程有关。在极限情形下，当来流或蒙皮温度足够高时，可能出现 $t_c \leqslant 0$ 的情形，则认为在该条件下仅发生湿模式结冰，生成冰形为单纯的明冰；当飞机在结冰环境中的飞行时间 $t < t_c$ 时，则认为仅发生干模式结冰，生成冰形为单纯的霜冰；当冰层生长速率 $dh_i / dt \leqslant 0$ 时，则认为在该条件下不发生结冰。

图 3.9 显示了结冰时间为 2000s 时，采用所建模型计算所得的液膜温度分布与文献[8]中液膜区采用 Karev 模型计算值的比较。可以看出，两模型在温度变化趋势的预测上具有较好的一致性，即液膜温度介于液-固相变温度和来流温度之间并处于过冷态，但不同之处在于，当考虑液膜流动且液相区视为准稳态导热时，任一时刻的温度分布为一直线；当考虑液相区的流动时，温度分布为一上凸的曲线，即从液-固相界面到液膜表面，温度梯度呈逐渐增加的趋势。

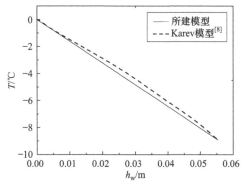

图 3.9 液膜温度分布与文献值的比较

3.1.4　冰层生长特性分析

1. 来流条件的影响

为了研究温度对冰层生长特性的影响，分别变换蒙皮温度和来流温度并保持其他条件不变进行计算，可获得不同条件下的冰层生长规律。图 3.10 和图 3.11 分别是不同蒙皮温度和来流温度条件下冰层生长规律的比较。可以看出，蒙皮温度越低，则冰层生长速率越快并越趋于线性生长，反之则生长速率越慢，并越偏离线性特征。同样，来流温度越低，则冰层生长速率越快，反之则越慢。

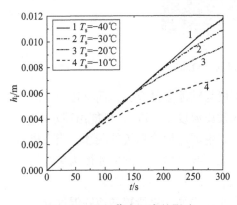

图 3.10　飞机蒙皮温度的影响

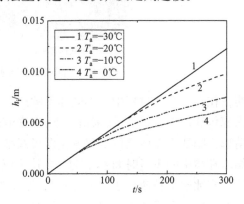

图 3.11　来流温度的影响

为了研究来流条件其他参数对冰层生长特性的影响，分别变换来流速度、液态水含量及水收集系数等参数并保持其他条件不变进行计算，可获得不同条件下的冰层生长规律。图 3.12、图 3.13 和图 3.14 分别为不同来流速度、液态水含量及水收集系数参数条件下冰层生长规律的比较。可以看出，在其他条件不变的条件

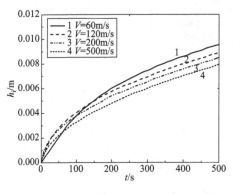

图 3.12　来流速度的影响

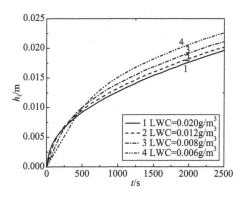

图 3.13　液态水含量的影响

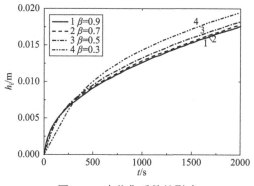

图 3.14 水收集系数的影响

下，来流速度、液态水含量及水收集系数三个参数对冰层生长速率的影响均呈现出相同的趋势，即在结冰初期，来流速度、液态水含量及水收集系数越大则冰层生长速率越快，而后期则逐渐减慢，并出现来流速度、液态水含量及水收集系数越大冰层生长速率反而越慢的现象。这是由于来流速度、液态水含量及水收集系数越大，则表面所收集的液态水也相对越多。在结冰初期，由于冻结比例相对较大，所收集的液态水可在较短时间内完成液-固相态转变；在结冰后期，由于热阻的增大和冻结比例的减小，冰层生长速率相应减慢，因而在高来流速度、液态水含量及水收集系数条件下，均出现结冰初期冰层生长速率大而后期生长速率小的现象。

2. 冰形过渡的影响分析

为了研究不同因素对干、湿模式过渡的影响，分别变换来流温度、液态水含量及水收集系数等参数并保持其他条件不变，根据模型计算出不同条件下干、湿生长过渡的临界时间和临界冰层厚度，分别如图 3.15、图 3.16 和图 3.17 所示。可

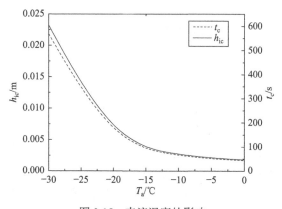

图 3.15 来流温度的影响

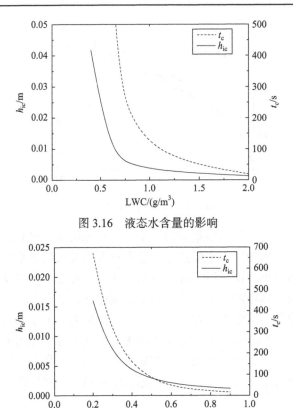

图 3.16　液态水含量的影响

图 3.17　水收集系数的影响

以看出，随着来流温度、液态水含量和水收集系数的提高，单位时间内所收集的液态水量增加，完全凝固需要释放的潜热量也增加，因而干、湿模式临界时间及临界冰层厚度均呈下降趋势。

3.2　溢流与相变耦合传热特性研究

3.2.1　溢流与相变耦合传热模型

根据 3.1 节的研究结论可知，飞机表面冰层的生长过程一般是由干模式结冰过渡到湿模式结冰的过程。在干模式结冰条件下，冰层内的温度分布关系式和冰层生长速率关系式可根据式(3.23)和式(3.27)获得。但当冰层生长过程过渡到湿模式时，冰层表面将出现固-液共存的现象。冰层表面未冻结的液态水在重力、表面张力和气动剪切力的作用下产生溢流。当流速增加时，液膜内部的传热不再为导热控制，温度分布的线性假设也不再成立，因而有必要研究液膜流动条件下的传热特性。

为了获得液态水溢流过程中的液膜形态，本节对硬铝模型表面液态水在来流作用下所形成的溢流特性进行了实验。图 3.18(a)和(b)为在结冰风洞外进行的来流速度为 3m/s，室温条件，液态水出流速度分别为 0.025m/s 和 0.038m/s 两种工况下的溢流形态；图 3.18(c)为在结冰风洞内进行的来流速度为 30m/s，温度为-6℃，液态水出流速度为 0.027m/s 条件下水的溢流形态。可以发现，在风洞外的溢流实验中，出流形态大致分为出流区、稳定区和聚集区三个区域。在出流区，液膜厚度由厚逐渐变薄；在稳定区，液态水表现为均匀水膜，多余的水被气动剪切力推向后部聚集区。同时，各区的长度和稳定区的液膜厚度因风速和液态水流量的不同而有所差异。

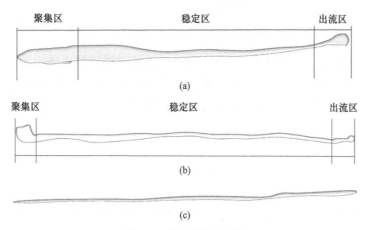

图 3.18　溢流形态示意图

从结冰风洞内液态水的溢流模拟实验中可以发现，溢流形态与静态溢流实验有着相似的机制，但不同之处在于，由于风速相对较高，出流区和聚集区与稳定区长度相比相对较短。在实际的飞机表面溢流结冰过程中，不存在出流区，而是表现为水滴撞击飞机表面形成的水量收集区。但由于来流作用的影响，水量收集区与稳定区相变也相对较短。因此，以稳定区为对象，研究溢流对冰层生长规律的影响。为简化问题，作如下假设：稳定区冰层表面的液态水为均匀液膜，不考虑液膜的破裂和变形，液膜的流动为稳态过程，并忽略轴向压力梯度的影响。物理模型如图 3.19 所示。

根据上述假设，液膜厚度与表面张力、重力及剪切力之间的关系可根据文献中的模型予以描述：

$$\frac{h_\mathrm{w}^3}{3}\left(\sigma\frac{\partial^3 h_\mathrm{w}}{\partial x^3}-\rho g\frac{\partial h_\mathrm{w}}{\partial x}\cos a+\rho g\sin a\right)+\frac{h_\mathrm{w}^2}{2}F=\mu W \tag{3.49}$$

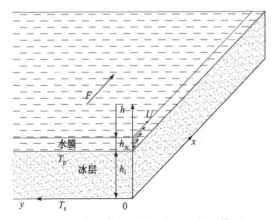

图 3.19 溢流条件下结冰表面的物理模型

其中，σ 为表面张力；F 为剪切力；W 为单位宽度的液膜质量流量（m^2/s）。

由上式可知，在各种力的综合作用下，液膜将从入口处的厚度向一稳定值过渡。如果仅将稳定段作为研究对象，当液膜厚度趋于稳定时有

$$\frac{\partial h_\mathrm{w}}{\partial x} = 0 \tag{3.50}$$

$$\frac{\partial^3 h_\mathrm{w}}{\partial x^3} = 0 \tag{3.51}$$

将(3.50)式、(3.51)式代入(3.49)式，可得稳定区的液膜厚度与剪切力及重力的关系为

$$\frac{h_\mathrm{w}^3}{3}\rho g \sin a + \frac{h_\mathrm{w}^2}{2} F = \mu W \tag{3.52}$$

假设液膜表面为水平方向，此时有 $a = 0$，因而稳定条件下的均匀液膜厚度为

$$h_\mathrm{w} = \sqrt{\frac{2\mu W}{F}} \tag{3.53}$$

由上式可知，剪切力越大，则平衡态的液膜厚度越小。其中，W 的计算如下：

$$W = (\mathrm{LWC}) \cdot V_\mathrm{a} \cdot \beta / \rho_\mathrm{w} \tag{3.54}$$

在湿模式结冰过程中，作用于液膜表面的剪切力主要由来流空气和撞击到表面的水滴的共同作用形成，但研究发现，在飞机结冰过程的液态水含量范围内，后者一般比前者要小一个量级。因此，本研究忽略水滴的撞击作用，仅考虑因来流空气形成的剪切作用，且剪切力可表示为

$$F = f_\mathrm{i} \frac{1}{2} \rho_\mathrm{a} (V_\mathrm{a} - c)^2 \tag{3.55}$$

其中，c 为液膜表面水波的相位速度，且有 $V_a \gg c$。

$$f_i = 0.008 + 2 \times 10^{-5} Re_F \tag{3.56}$$

$$Re_F = \frac{\bar{u} \cdot h}{v_w} \tag{3.57}$$

$$\bar{u} = \frac{1}{h} \int_0^h u \, \mathrm{d}y \tag{3.58}$$

由于液膜厚度相对于长度方向为一较小量，x 方向的压强梯度近似为 0，因此，在气动力作用下的剪切流动可用一维 Couette 流模型进行描述。当同时考虑液-固相变与液膜流动的耦合作用时，传热模型可描述为

固相区：

$$\frac{\partial T_i}{\partial t} = \frac{k_i}{\rho_i c_i} \frac{\partial^2 T_i}{\partial h^2} \tag{3.59}$$

液相区：

(a) 动量方程

$$\mu \frac{\mathrm{d}^2 u}{\mathrm{d}h^2} = 0 \tag{3.60}$$

(b) 能量方程

$$k_w \frac{\mathrm{d}^2 T_w}{\mathrm{d}h^2} = -\mu \left(\frac{\mathrm{d}u}{\mathrm{d}h} \right)^2 \tag{3.61}$$

液-固相界面：

$$\rho_i L_f \frac{\mathrm{d}h_i}{\mathrm{d}t} = k_i \frac{\partial T_i}{\partial h} - k_w \frac{\partial T_w}{\partial h} \tag{3.62}$$

在液膜与空气的交界面，根据能量平衡有

$$-k_w \frac{\partial T_w}{\partial h} = (q_c + q_e + q_w) - (q_a + q_k) \tag{3.63}$$

若将固相区的导热视为准稳态过程，则

$$\frac{\partial^2 T}{\partial h^2} \approx 0 \tag{3.64}$$

边界条件：

$$h = 0, \quad T = T_s \tag{3.65}$$

$$h = h_i, \quad u = 0, \quad T = T_p \tag{3.66}$$

$$h = h_i + h_w, \quad u = U, \quad T = T_f \tag{3.67}$$

其中，T_f 为液膜表面温度，且为未知量。

根据方程(3.64)及边界条件(3.65)、(3.66)，可得某时刻固相冰层内的温度分布为

$$T_i = \frac{T_p - T_s}{h_i} h + T_s \tag{3.68}$$

在剪切力的作用下，液膜层内一维 Couette 流的速度分布为

$$u = \frac{F \cdot h}{\mu_w} \tag{3.69}$$

因而液膜表面的速度为

$$U = \frac{F \cdot h_w}{\mu_w} \tag{3.70}$$

将速度在液膜层厚度内进行积分，可得平均液膜速度

$$\bar{u} = \frac{1}{h_w} \int_0^{h_w} u \mathrm{d}y = \frac{F \cdot h_w}{2\mu_w} \tag{3.71}$$

将速度关系式(3.69)代入能量方程(3.71)可得

$$\frac{\mathrm{d}^2 T}{\mathrm{d}h^2} = -\frac{F^2}{k_w \mu_w} \tag{3.72}$$

对上式进行积分可得

$$\frac{\mathrm{d}T}{\mathrm{d}h} = -\frac{F^2}{k_w \mu_w} h + C_1 \tag{3.73}$$

$$T = -\frac{F^2}{2k_w \mu_w} h^2 + C_1 h + C_2 \tag{3.74}$$

由边界条件(3.66)、(3.67)可得液膜层内的温度分布为

$$T_w = T_p + \frac{h - h_i}{h_w}(T_f - T_p) + \frac{F^2}{2k_w \mu_w}[(h_i^2 - h^2) + (h - h_i)(2h_i + h_w)] \tag{3.75}$$

从上式可以看出，当考虑溢流效应时，液膜层内的温度并非线性分布。在液膜表面，$h = h_i + h_w$，将上式对 h 求导，可得液膜层表面的温度梯度为

$$\frac{\mathrm{d}T}{\mathrm{d}h}\bigg|_{h=h_i+h_w} = \frac{T_f - T_p}{h_w} - \frac{h_w}{2k_w}\frac{F^2}{\mu_w} \tag{3.76}$$

根据能量平衡方程(3.63)，液膜层表面的温度梯度又可表示为

$$\frac{\mathrm{d}T}{\mathrm{d}h}\bigg|_{h=h_i+h_w} = \frac{q'_{\mathrm{source}} - \overline{q}(T_f - T_a)}{k_w} \tag{3.77}$$

其中，$q'_{\mathrm{source}} = q_a + q_k$；$\overline{q}$ 为单位温差放热量，并定义为

$$\overline{q} = \alpha_c + \mathrm{LWC} \cdot V \beta c_w + \gamma_e L_e \tag{3.78}$$

其中，α_c 为液膜表面的对流换热系数；c_w 为水的比热；γ_e 为当量蒸发系数；L_e 为蒸发潜热。

联立(3.77)式和(3.78)式两式，可得液膜表面的温度为

$$T_f = \frac{(q'_{\mathrm{source}} + \overline{q}T_a)h_w + k_w T_p + \dfrac{h_w^2 F^2}{2\mu}}{k_w + \overline{q}h_w} \tag{3.79}$$

在液-固相界面，液相区流向固相区的热流量为

$$q_{\mathrm{wi}} = -k_w \left(\frac{\partial T_w}{\partial h}\right)_{h=h_i} = -k_w \frac{T_f - T_p}{h_w} + \frac{h_w F^2}{2\mu_w} \tag{3.80}$$

其中，上式右端第一项表征静止液膜内的纯导热量，第二项则为 Couette 流对传热的贡献。将相界面的热流表达式代入(3.62)式，可得考虑液膜流动条件下的冰层生长特性关系式

$$\frac{\mathrm{d}h_i}{\mathrm{d}t} = \left[\frac{k_i(T_p - T_s)}{h_i} - k_w \frac{T_f - T_p}{h_w} + \frac{h_w F^2}{2\mu_w}\right] / \rho_i L_f \tag{3.81}$$

3.2.2   溢流与相变耦合特性分析

在结冰的整个过程中，当处于干模式结冰时，冰层生长速率由(3.75)式予以确定；当进入湿模式时，冰层生长速率则根据(3.81)式予以确定，干、湿模式的过渡则根据文献进行确定。当来流速度一定时，气动剪切力 F 和液膜厚度 h_w 及表面温度 T_f 均可由计算获得。采用该模型对 $\mathrm{LWC} = 1.2\mathrm{g/m^3}$，$V = 60\mathrm{m/s}$，$\beta = 0.5$，$T_a = -10\,℃$，$T_s = -15\,℃$，$T_p = 0\,℃$ 条件下的结冰过程进行计算，可得固-液相区的温度分布及冰层生长特性。

1. 温度分布特性

图 3.20 和图 3.21 分别为结冰过程某一时刻及不同时刻固-液相区的温度分布曲线。可以看出，在湿模式结冰过程中，固相区冰层内的温度值介于蒙皮温度 T_s 和相变温度 T_p 之间，而液膜层内的温度则介于相变温度 T_p 和来流温度 T_a 之间，该结论与采用 3.1 节中导热模型的计算结果一致。不同之处在于，在固相区，由于将冰层内的导热视为准稳态过程，其温度分布为线性分布；但在液相区，由于

Couette 流的影响，温度分布为一上凸的曲线，而非准稳态导热条件下的直线。在结冰过程的不同时刻，固相区温度分布线的斜率因冰层厚度的变化而相应变化，但由于液膜厚度及液膜表面温度在来流速度一定的条件下相对恒定，因而液膜层内的温度在不同时刻均有着相同的分布。

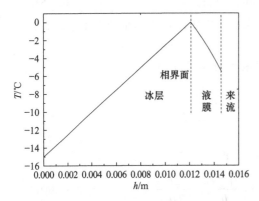 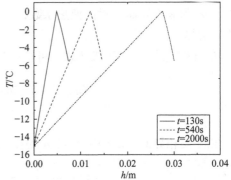

图 3.20 540s 时固-液相区的温度分布　　　　　图 3.21 固-液相区的温度分布

为了验证所建模型的有效性，将上述条件下液相区的温度分布与文献[8]的计算值进行比较(图 3.22)。可以看出，采用所建模型获得的液相区温度分布与 Karev 等的研究结果有着较好的一致性，即当考虑液相区的流动时，温度分布为一上凸的曲线，且从液-固相界面到液膜表面，温度梯度呈逐渐增加趋势。

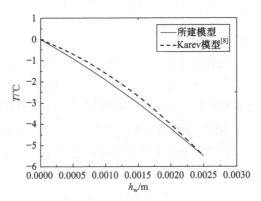

图 3.22 液相区温度分布与文献[8]的计算值的比较

为了获得气动剪切力对温度分布的影响规律，变换不同来流速度进行计算，图 3.23 即为不同来流速度下固-液相区的温度分布。可以看到，当来流速度改变时，作用于液膜表面的剪切力相应发生变化，在其他条件不变的情形下，液膜厚度及表面温度均发生变化，因而固-液相区的温度分布均有所不同，且来流速度越高，剪切作用越大，相应液膜厚度越薄，液膜层内的温度梯度也相应越大。

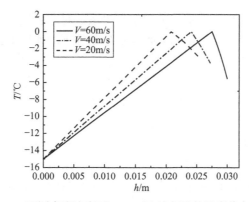

图 3.23 不同来流速度下 2000s 固-液相区的温度分布比较

2. 来流条件的影响分析

为了研究不同来流参数对溢流条件下液-固相变传热特性的影响,采用几种不同来流温度、来流速度、液态水含量及水收集系数等来流条件分别进行计算,并比较各参数对冰层生长特性的影响。

图 3.24 和图 3.25 分别为来流速度和来流温度对冰层生长特性影响规律的比较。可以看出,来流速度越高或温度越低,则冰层生长速率越大,反之则生长速率越小。这是由于来流速度是影响气动剪切力的主要因素,而气动剪切力又是影响液膜厚度的主要原因,因此当来流速度提高时,液膜质量流量和表面剪切力均增加,但由于剪切力的增长幅度大于液膜质量流量的增加,因而液膜厚度随来流速度的增加呈下降趋势。液膜厚度的下降使通过液相区的热量输运得到了加强,从而加快了液-固相变过程,提高了冰层生长速率。同样,当来流温度降低时,液膜表面温度相应下降,使液相区的传热温差增大,因而促进了潜热的释放,并进而提高了冰层生长速率。

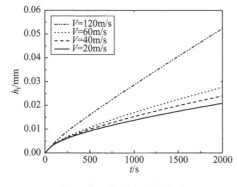

图 3.24 来流速度的影响

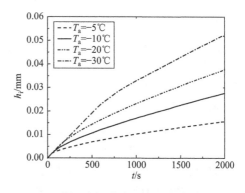

图 3.25 来流温度的影响

　　图3.26和图3.27分别为液态水含量和水收集系数对冰层生长特性影响规律的比较，可以看出，不同液态水含量和水收集系数条件下的冰层生长速率仅有较小的差别，且液态水含量和水收集系数越大，冰层生长速率相对越小。这是由于当液态水含量和水收集系数增加时，稳定液膜厚度相应增大，相界面所释放出的潜热在向外传递的过程中受到的阻力增加，因而延缓了热量的传递，降低了冰层生长速率。但在气动剪切力不变的条件下，液态水含量和水收集系数的变化对液膜厚度的影响相对较小，因而对冰层生长速率的影响也相对较小。因此，对于考虑液态水溢流条件下的湿模式结冰过程，相比较而言，来流温度和来流速度是影响冰层生长速率的主要原因，而液态水含量和水收集系数的变化对冰层生长速率的影响相对较小。

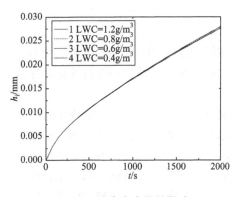

图 3.26　液态水含量的影响

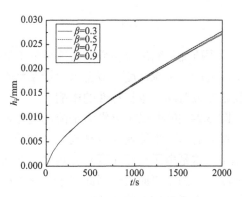

图 3.27　水收集系数的影响

3. 溢流效应的影响分析

　　为了研究溢流对冰层生长特性的影响，图 3.28 比较了不同来流速度下考虑与不考虑溢流效应时的冰层生长特性。可以看出，在不同来流参数下，考虑溢流效应时的冰层生长速率计算值均要大于不考虑溢流效应时的，说明冰层表面液态水的溢流强化了液-固相变传热过程。来流速度越高，溢流效应越强烈，冰层生长速率相对越快，同时传热模型与溢流模型的计算差值也相对越大，说明溢流所产生的传热强化作用也越明显；反之则生长速率越慢，传热模型与溢流模型的计算差值相对越小。这是由于在考虑溢流的条件下，气动剪切力的作用使液膜厚度不能无限制生长，从而降低了液相区的传热热阻。同时，液膜的流动作用促进了液相区的扰动，使液相区的传热较单纯的传热过程得到了加强，促使液-固相界面处液态水的潜热释放过程加快，从而提高了冰层的生长速率。当来流速度接近于 0 时，冰层生长特性也逐渐趋于传热模型计算值，这说明，纯传热工况是当溢流速度趋于 0 时的极限情形。

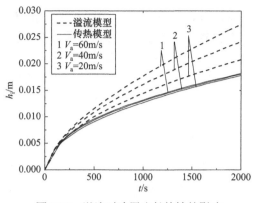

图 3.28 溢流对冰层生长特性的影响

3.3 考虑非平衡效应的过冷水滴凝固特性研究

飞机结冰是过冷水滴撞击于飞机表面并发生凝固的一种特殊相变现象[6]。由于过冷条件的存在，因而飞机结冰具有显著的非平衡凝固特征[15]。当水滴以低于凝固点温度以液态形式存在时，往往会形成亚稳平衡态[16,17]。此时，只要施加一个较小的扰动即可触发凝固，并使其回到稳定的平衡态[18]，而能量的波动、界面、杂质、振动等均是触发亚稳态液体发生凝固的扰动源。

过冷水滴的凝固通常分为两个典型阶段[19,20]。第一阶段由形核开始，是水滴从热力学非平衡态过渡到热力学平衡态的阶段，即枝晶形成阶段，也有研究者称其为部分凝固阶段[21]。对于撞击于飞机表面的过冷水滴，由于机体表面提供了异相形核的条件，因此在此阶段形核过程从界面逐步发展到整个水滴，使水滴由液相变成冰水共存的模糊相，水滴温度也由过冷态上升到凝固温度所处的平衡态。第二阶段为完全凝固阶段，即液固相界面由固相向液相推进直至凝固完成的过程[22]。由于撞击引起的异相形核作用，飞机结冰过程水滴凝固的第一阶段显著快于第二阶段。鉴于结冰物理过程的复杂性，目前大多关于过冷水滴结冰的研究均把重点放在凝固第二阶段即相界面的推进过程上。由于第二阶段以平衡凝固为主，因此，多数研究者基于平衡凝固的相关理论与方法开展了结冰特性的预测研究。如不少研究者基于焓-多孔介质(enthalpy-porosity)法研究凝固过程的液-固相变行为[23,24]，但该方法主要针对平衡凝固过程，无法表征过冷水滴凝固的第一阶段即非平衡凝固过程的影响特征。

近年来，随着飞机结冰预测精度要求的提高，结冰过程的非平衡凝固效应引起了研究者越来越多的关注。Worster 等[25,26]提出了平面生长理论，针对飞机结冰凝固过程的两个阶段，采用了不同的预测方法。Feuillebois 等[20]研究了非平衡凝固对结冰第二阶段的初始物性参数的影响特性。Blake 和 Raps 等[15]在考虑形核过程的基础上，发展了过冷水滴凝固特性的预测方法。可以看出，过冷条件下水滴的非平衡凝固效应对后期结冰速率及结冰特征有着重要影响而受到了越来越多的关注[27,28]。但由于凝固过程的复杂性，非平衡凝固特性预测方法的相关研究目前还较为缺乏，预测精度也有待于提高，因而非平衡凝固规律特征的相关研究也较为薄弱。本节正是针对过冷水滴结冰的非平衡凝固效应，发展了能表征非平衡凝固效应的过冷水滴凝固特性预测方法，并自行搭建了实验系统，开展了所建方法的实验验证。相关研究可为结冰热力学模型的改进，以及结冰特性的精细化预测提供参考。

3.3.1　考虑非平衡效应的凝固模型

对单个过冷水滴凝固特性的研究有助于深入揭示飞机结冰过程过冷水滴凝固的物理特性。为便于观测和实验，本节以单个水滴为对象，研究过冷水滴结冰过程非平衡凝固现象的共性特征。

凝固实验研究表明，过冷水滴的凝固过程主要由枝晶形成和相界面推进两个典型阶段构成。在枝晶形成阶段，水滴由透明态转变为模糊态，如图 3.29(a)所示；在相界面推进阶段，固-液相界面由冷却面即底面向顶部平行推进，如图 3.29(b)~(d)所示。

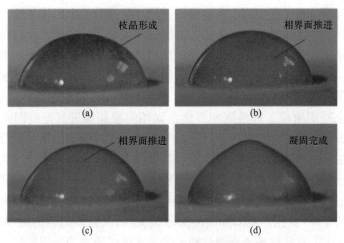

图 3.29　过冷水滴凝固的典型阶段

为建立相应的数理模型，图 3.30 显示了过冷水滴凝固过程的简化示意图。在凝固初始阶段即枝晶形成阶段，过冷水滴温度由过冷态上升至凝固点，并伴随潜热的部分释放，是典型的非平衡凝固阶段；凝固第二阶段为由热扩散驱动的界面推进阶段，也是在等温下进行的平衡凝固阶段。尽管研究表明凝固第一阶段相对于第二阶段的时间相对较短，但由于结冰条件的不同，第一阶段结束时形成了第二阶段的不同初始条件，从而影响了凝固的后续特征。因此，过冷水滴整个凝固过程的有效预测应综合考虑第一阶段的非平衡凝固效应及第二阶段的平衡凝固效应。针对过冷水滴的凝固两个典型阶段的特点，如何在相界面推进过程的预测中考虑第一阶段的非平衡效应，是有效预测结冰全过程凝固特性需解决的重要问题。

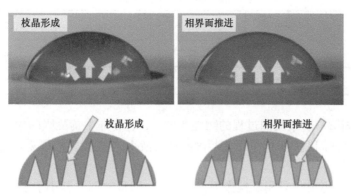

图 3.30　过冷水滴凝固过程的简化示意图

考虑到在凝固第一阶段完成并形成混合态的过程中过冷水滴已经有了潜热的部分释放，因此，在凝固第二阶段即相界面推进过程的预测中应考虑凝固第一阶段的影响。将无量纲过冷度表示为

$$\varepsilon = c_{ps}\Delta T / L \tag{3.82}$$

其中，$\Delta T = T_f - T_{supercooled}$，$T_f$ 为凝固温度，$T_{supercooled}$ 为过冷态温度；L 为相变潜热；c_{ps} 为固相定压比热容。

凝固第一阶段结束时混合态中未发生相变的液相分数可表示为

$$f_1 = 1 - \frac{c_{pl}}{c_{ps}}\varepsilon \tag{3.83}$$

其中，c_{pl} 为液相定压比热容。

因此，混合态的液-固相变潜热可表示为

$$L_{mix} = Lf_1 \tag{3.84}$$

混合态的物性参数可表示为

$$\rho_{mix} = \rho_l f_1 + \rho_s(1 - f_1) \tag{3.85}$$

$$c_{\text{pmix}} = c_{\text{pl}}f_1 + c_{\text{ps}}(1-f_1) \tag{3.86}$$

$$\lambda_{\text{mix}} = \lambda_1 f_1 + \lambda_{\text{s}}(1-f_1) \tag{3.87}$$

其中，ρ、c_{p} 和 λ 分别表示密度、定压比热容和热导率等物性参数。下标 mix 表示混合，l 和 s 则分别表示对应的液相和固相物性参数。表 3.1 分别给出了液相水和固相冰对应的物性参数。

表 3.1　冰和水的材料物性参数

相态	$\rho\,/(\text{kg/m}^3)$	$c_{\text{p}}\,/(\text{J}/(\text{kg}\cdot\text{K}))$	$\lambda/(\text{W}/(\text{m}\cdot\text{K}))$	$L/(\text{kJ/kg})$
水	1000	4187	0.6	334624
冰	920	2031	2.3	—

当获得凝固第一阶段凝固过程的物性参数后，包含非平衡凝固的相变问题即可转化为平衡凝固问题。为借鉴平衡凝固条件下液-固相变传热的预测方法，作以下几点假设：

(1) 由于撞击形成的异相形核作用，凝固第一阶段时间显著小于第二阶段；

(2) 忽略水滴凝固过程因体积膨胀引起的水滴变形；

(3) 界面推进过程的液相区实质为已在凝固第一阶段发生了部分相变的混合态，因此凝固第二阶段液相区物性参数由混合态参数代替。

基于上述假设并借鉴焓-多孔介质方法，则凝固过程的传热控制方程可描述为

$$\nabla \cdot \boldsymbol{u} = 0 \tag{3.88}$$

$$\rho\left(\frac{\partial \boldsymbol{u}}{\partial t} + \boldsymbol{u} \cdot \nabla \boldsymbol{u}\right) = -\nabla p + \mu(\nabla \cdot \nabla \boldsymbol{u})$$
$$-\rho \boldsymbol{g}\beta(T - T_{\text{ref}}) + \boldsymbol{S} \tag{3.89}$$

$$\rho\left(\frac{\partial h}{\partial t} + \boldsymbol{u} \cdot \nabla T\right) = \lambda(\nabla \cdot \nabla T) \tag{3.90}$$

其中，$\boldsymbol{u}$ 为液体流动速度矢量；p 为液体压力；h 为热焓；μ 为液体黏性系数；$\boldsymbol{g}$ 为重力加速度矢量；β 为液体热膨胀系数，且满足布西内斯克(Boussinesq)近似；T_{ref} 为参考温度；矢量 $\boldsymbol{S}$ 为凝固第二阶段两相区的源项，可描述为

$$\boldsymbol{S} = -C(1-f_2)\boldsymbol{u} \tag{3.91}$$

其中，C 为界面推进过程两相共存区的特征参数；f_2 为结冰过程第二阶段未凝固

的液相分数，可表示为

$$f_2 = \begin{cases} 0, & T < T_s \\ \dfrac{T - T_s}{T_1 - T_s}, & T_s \leqslant T \leqslant T_1 \\ 1, & T > T_1 \end{cases} \tag{3.92}$$

其中，T_1 和 T_s 分别表示液-固相变过程完全熔化和完全凝固时的温度。

3.3.2　过冷水滴非平衡凝固特性的数值分析

图 3.31 显示了直径为 4mm、高度为 2.5mm，过冷度为–10℃条件下水滴凝固过程的温度分布及相区分布特性预测结果。可以看出，在相界面推进的初始阶段，在热扩散的作用下，相界面由固相区向液相区平行推进。随着凝固过程的发展，相界面与等温线逐步向水滴顶部弯曲。

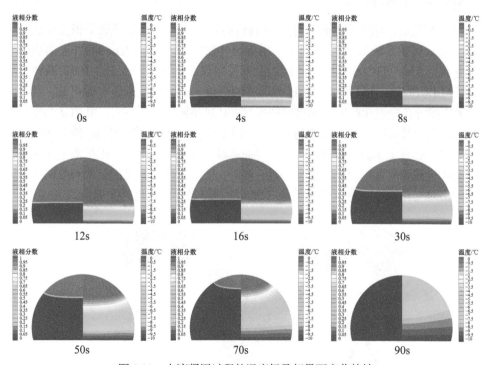

图 3.31　水滴凝固过程的温度场及相界面变化特性

图 3.32 显示了过冷度分别为–15℃、–10℃、–5℃及 0℃条件下相界面变化速率的比较。可以看出，在相同冷却面温度条件下，随着水滴过冷度的增大，液-固相变的驱动力增加，相界面移动速率相应增大；当过冷度为 0℃时，过冷模型退化为传统焓-多孔介质模型。

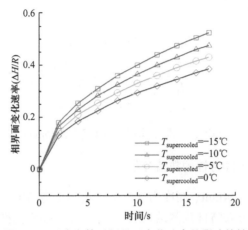

图 3.32　过冷度等对相界面变化速率的影响特性

3.3.3　数值模型的实验验证

　　为验证所发展方法的有效性，本项目自行搭建了实验系统并开展了相应算法的实验研究。实验系统如图 3.33 所示，由半导体制冷系统、Agilent 34970A 多点数据采集仪、ANV TF100 温度监测仪、温度控制仪、MotionXtra HG-100K 高速摄像机、FLIR E60 红外热像仪、LED 无影光源系统、工控机及调压电源组成。实验时，采用滴管在冷表面产生不同尺度的水滴；开启半导体制冷装置，由 PID 温度控制系统将制冷装置冷却面温度维持在 0℃以下(实验所需的温度条件)，使水滴缓慢冷却至过冷态直至水滴完全凝固。基于界面追踪的方法，采用高速摄像机记录获得水滴凝固过程相界面随时间的变化特性；同时，采用红外热像仪记录水滴凝固过程温度的实时变化特性。每组工况重复三次，取每组平均值作最终实验值。

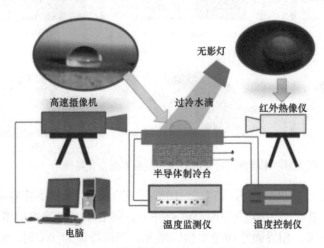

图 3.33　水滴凝固过程的实验系统示意图

在水滴凝固实验中，在过冷期间的形核与枝晶生长阶段，水滴逐步由透明态向模糊态过渡；当水滴达到平衡温度时，固-液界面逐步出现并由液相区向固相区移动。如果以固-液界面出现的起始时刻作为凝固第二阶段的起点，由高速摄像机即可记录相界面随时间的变化特性。图 3.34 显示了图 3.31 相同条件下过冷水滴凝固第二阶段相界面随时间的变化特性。可以看出，相界面最先在冷却面产生，并逐步由固相区向液相区平行推进，与计算相界面移动特性相似。

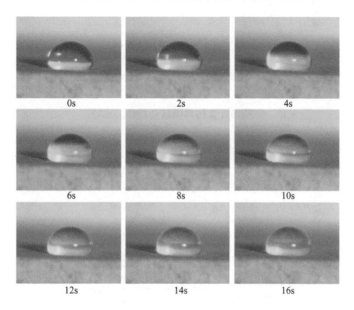

图 3.34　实验凝固过程相界面随时间的变化特性

图 3.35 为本节所发展数值模型与传统模型计算方法所获得的界面变化计算结果与实验结果的比较。可以看出，在相同条件下，由于考虑了过冷水滴在过冷阶段非平衡凝固效应的影响，改进预测模型的计算结果与实验结果的吻合程度优于传统焓-多孔介质预测模型，且界面推进速率要快于不考虑非平衡效应时的速率。改进后的模型与实验结果吻合更好，表明所建模型的有效性。

图 3.36 显示了直径分别为 4mm 与 6mm 两种不同尺寸水滴，在过冷度为–10℃条件下的计算与实验相界面移动特性的比较。从计算结果与实验结果的比较可以看出，总体而言，计算与实验相界面随时间的移动特性吻合较好，但由于计算中忽略了凝固过程水滴体积膨胀效应引起的变形及冒尖现象在凝固后期更为显著，因而在凝固前期计算相界面与实验相界面推进速率的吻合程度要优于后期。同时还可以看出，水滴尺度越小或冷却面温度越低，凝固速率相对越高。

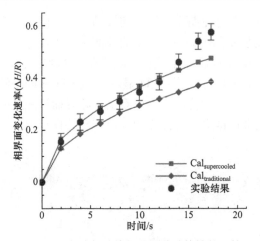

图 3.35　实验与计算相界面移动特性的比较

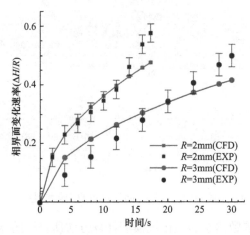

图 3.36　水滴凝固过程相界面变化特性的实验与计算对比

为考查所建模型对凝固过程温度变化特性预测的有效性，图 3.37 显示了直径 4mm 的水滴在过冷度为-10℃条件下相界面推进过程的温度变化特性的红外测试图像及温度曲线。可以看出，相界面推进阶段，水滴由过冷态上升至平衡态，水滴温度维持在 0℃附近并保持相对恒定，当凝固完成时，水滴由平衡温度逐步降低并趋于冷源温度。

图 3.38 则显示了过冷度分别为-10℃和-14℃条件下，直径 4mm 水滴凝固相界面推进过程中水滴表面计算温度与实验红外温度变化特性的比较。可以看出，由于测量误差及计算模型忽略变形效应假设带来的误差，计算与实验温度变化历程在凝固后期存在一定程度的偏差，但总体变化趋势基本相似。且在凝固期间，同一般的液-固相变过程，计算与实验水滴温度均维持在平衡温度即 0℃附近，较好地反映了水滴相变过程的恒温特性。

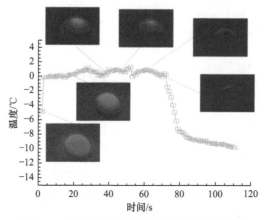

图 3.37 凝固相界面推进过程温度变化特性

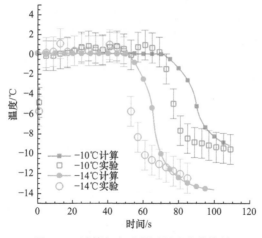

图 3.38 计算与实验凝固温度变化特性

图 3.39 显示了过冷度为-10℃条件下考虑与不考虑非平衡凝固效应的凝固速率比较；图 3.40 显示了水滴不同过冷度对凝固相界面推进的影响特征。可以看出，在考虑过冷期间非平衡凝固效应影响的条件下，凝固相界面推进快于传统预测方法。这是由于所建模型考虑了过冷阶段形核和枝晶生长过程中水滴潜热的部分释放现象，因而在相界面推进阶段，液-固相变潜热的释放量相对减少，因而相界面推进速度较传统方法有所提高。可以看出，在相同条件下，水滴过冷度越大，相变的驱动力也相对越大，因而凝固速率也相对越高。

图 3.41 显示了水滴凝固过程不同高度位置的温度变化曲线。T01～T05 为从底面到表面位置点。可以看出，越靠近冷却面，温度降低速率越高。这是由于凝固第二阶段主要是在相变温度下由热扩散驱动而发生的等温平衡凝固过程，导热

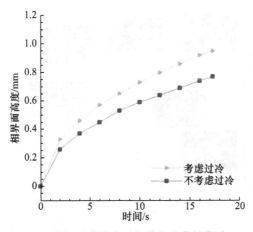

图 3.39　过冷效应对相界面变化的影响

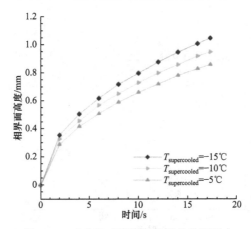

图 3.40　过冷度对凝固相界面变化的影响

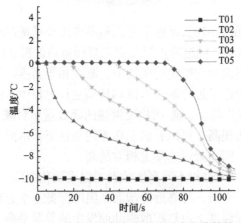

图 3.41　水滴不同高度位置的温度变化特性

是该过程的主导传热机制。因此，越靠近冷却面，导热热阻相对越小，温降速率也相对越大。

本节针对飞机结冰过程过冷水滴结冰的非平衡凝固效应，开展了过冷水滴结冰凝固特性的计算与实验研究。主要结论如下：①基于焓-多孔介质模型，发展了过冷水滴结冰特性预测模型及数值计算方法，并自行搭建了水滴凝固实验台，开展了数值方法的实验验证。所发展方法计算结果与实验结果吻合较好，当过冷度为 0℃时，过冷模型退化为传统焓-多孔介质模型，表明所建方法的有效性。②相对于传统方法，所发展的过冷水滴结冰特性预测模型及数值方法能有效表征非平衡凝固效应，可用于过冷水滴凝固特性的预测，从而将传统基于平衡凝固的焓-多孔介质模型拓展至非平衡凝固研究领域。③基于所建方法，开展了水滴凝固特性的影响因素分析，获得了不同过冷条件下水滴凝固过程的温度分布及相界面变化特性。研究表明，过冷度越大、水滴尺度越小或冷却面温度越低，水滴的相变速率越高；在考虑非平衡凝固效应的条件下，过冷水滴凝固速率要高于不考虑非平衡凝固效应的工况。

3.4 过冷大水滴结冰过程的传热传质特性研究

在过冷大水滴(SLD)结冰过程中，液膜流动与液-固相变的耦合是重要特点之一，因此对结冰表面传热传质特性的精细描述是建立结冰预测方法的重要基础。在目前的数值预测方法中，对结冰过程传热传质的描述大多采用 Messinger 热力学模型。该模型以简单的能量平衡为基础，忽略了相变介质内部的温度梯度及热量传递的时间特征,仅通过结冰表面热量的收支平衡来建立相变过程的描述体系，因而在容易形成液膜的 SLD 结冰条件下的预测精度受到了很大的限制。一些学者将相变过程的能量传递速率特征考虑在内发展了一些改进模型，这些模型在表征 SLD 结冰条件下液膜与冰层内部的传热特性方面具有一定优势，但剪切力、重力及压力梯度等对液膜厚度的复杂影响，使得模型引入了过多的物理参数而大大增加了预测方法的复杂性。本节基于冰层生长与液膜流动的耦合方法，开展了 SLD 结冰过程冰层与液膜生长特性的研究，获得了液膜流动与冰层生长耦合条件下的传热传质特性，并建立了溢流/结冰耦合分析方法。

3.4.1 SLD 结冰过程传热传质模型

对于 SLD 结冰过程，液膜流动是冰层生长过程的重要现象之一。若将液膜流动与冰层生长考虑在内，借鉴 Myers 方法[29-32]，冰层表面的传热传质过程可描述为

$$\frac{\partial h}{\partial t} + \nabla \cdot Q = \frac{\rho_A}{\rho_w} \beta \cdot |W \cdot \boldsymbol{n}| - \frac{1}{r_w} \dot{m}_e - \frac{\rho_i}{\rho_w} \frac{\partial b}{\partial t} \tag{3.93}$$

对于明冰结冰过程，根据 Stefan 条件，液-固相变过程可描述为

$$\rho_i L_f \frac{\partial b}{\partial t} = k_i \frac{\partial T}{\partial z} - k_w \frac{\partial q}{\partial z} \tag{3.94}$$

$$\rho_i L_f \frac{\partial b}{\partial t} = k_i \frac{T_f - T_s}{b} - k_w \frac{E_g - F_g T_f}{1 + F_g h} \tag{3.95}$$

其中，E_g、F_g 可分别表示为

$$E_g = \frac{Q_K + Q_a + q_d \cdot T_d + (q_h + q_e) T_a}{k_w} \tag{3.96}$$

$$F_g = \frac{q_d + q_h + q_e}{k_w} \tag{3.97}$$

边界和初始条件

$$t = 0, \quad b = 0 \tag{3.98}$$

$$t_w = \frac{\rho_i b_w}{\rho_A \beta \cdot |W \cdot \boldsymbol{n}|}, \quad b = b_w, \quad h = 0 \tag{3.99}$$

其中，t_w 为结冰过程出现液相时的临界时间；b_w 为出现液相时的临界冰层厚度，其表达式为

$$b_w = \frac{T_f - T_s}{E_r - F_r T_s} \tag{3.100}$$

式中，T_f 为融化温度；T_s 为表面温度。

SLD 结冰过程中，由于液膜动力学特性与压力梯度、重力和剪切力密切相关，所以冰层生长过程变得极为复杂。为简化分析作如下假设：将流场作为热力学分析的输入条件；在热力学分析过程中保持压力梯度、对流换热系数、水滴收集等参数不变。则(3.93)式可表示为

$$\begin{aligned} h_j^{k+1} = h_j^k - \Delta t \cdot \left(\frac{Q_{j+1}^k - Q_j^k}{\Delta s} \right) + \frac{\rho_A}{\rho_w} \cdot \beta \cdot |W \cdot \boldsymbol{n}| \cdot \Delta t \\ - \frac{1}{\rho_w} \dot{m}_e \cdot \Delta t - \frac{\rho_j}{\rho_w} \cdot \left. \frac{\partial b}{\partial t} \right|_j^k \cdot \Delta t \end{aligned} \tag{3.101}$$

由于 $\dot{m}_e$ 相对较小，则上式可表示为

$$h_j^{k+1} = h_j^k - \Delta t \cdot \left(\frac{Q_{j+1}^k - Q_j^k}{\Delta s} \right) + \frac{\rho_A}{\rho_w} \cdot \beta \cdot |W \cdot n| \cdot \Delta t - \frac{\rho_j}{\rho_w} \cdot \frac{\partial b}{\partial t} \bigg|_j^k \cdot \Delta t \qquad (3.102)$$

其中 Q 可表示

$$Q_j^k = \frac{\left(h_j^k\right)^3}{2\mu_w} \left(\frac{dp}{ds} + \rho_w g \cdot \cos\theta \right) + A_s \cdot \frac{\left(h_j^k\right)^3}{2\mu_w} \qquad (3.103)$$

$$\frac{\partial b}{\partial t} = \left(k_i \frac{T_f - T_s}{b} - k_w \frac{E_g - F_g T_f}{1 + F_g h} \right) / \left(\rho_i \cdot L_f \right) \qquad (3.104)$$

离散表达式为

$$h \, b_j^{k+1} = b_j^k + \frac{\Delta t}{\rho_i \cdot L_f} \cdot \left(k_i \frac{T_f - T_s}{b_j^k} - k_w \frac{E_g - F_g T_f}{1 + F_g h_j^k} \right) \qquad (3.105)$$

其中，h 为液膜厚度，单位为 m；b 为冰层厚度，单位为 m；k_i 为冰的导热系数；k_w 为水的导热系数；ρ_A 为液态水含量，单位为 kg/m³；ρ_i 为冰的密度，单位为 kg/m³；ρ_w 为水的密度，单位为 kg/m³；μ_w 为水的动力黏度，单位为 kg/(K·m)；W 为来流速度，单位为 m/s；β 为局部水收集系数；A_s 为剪切力。

$$E_g = \frac{Q_K + Q_a + q_d T_d + (q_h + q_e) T_a}{k_w} \qquad (3.106)$$

$$F_g = \frac{q_d + q_h + q_e}{k_w} \qquad (3.107)$$

$$Q_K = \rho_A \beta W^3 \qquad (3.108)$$

$$Q_a = \frac{r q_h W^2}{2 c_a} \qquad (3.109)$$

其中，

$$q_d = \rho_A \beta \cdot |W \cdot n| \cdot c_w \qquad (3.110)$$

q_h 为对流换热系数，单位为 W/(m²·K)；q_e 为蒸发传热系数，单位为 W/(m²·K)；T_d 为水滴温度，单位为 K；T_a 为来流温度，单位为 K；c_a 为空气比热，单位为 J/(kg·K)；c_w 为水的比热，单位为 J/(kg·K)。

3.4.2 SLD 结冰特性影响因素分析

为研究来流条件对 SLD 结冰特性的影响，基于上述模型，以 0°攻角的 NACA0012 为对象，开展了考虑溢流条件下二维结冰特性的分析。图 3.42 显示了不考虑液膜流动的情况下 2min、5min 和 8min 三个时刻冰层和液膜的生长特性，其中计算来流温度为 263K，机体表面温度为 265K，来流速度为 40m/s。由于水滴直接撞击冷表面发生冻结，前 2min 并未形成液膜。

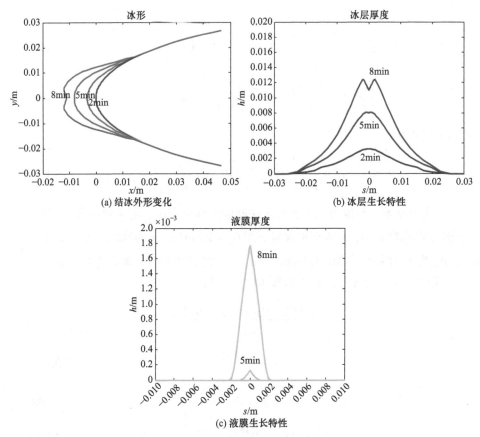

图 3.42   来流温度为 263K 时的结冰特性

从图中可以看出，随着结冰时间的增加，冰层与液膜覆盖区域逐步扩大。由于驻点处对流换热系数的急剧减小，结冰外形在驻点位置呈现出显著的凹陷形状。当来流温度提高至 268K 时，来流速度保持在 40m/s，冰层和液膜的生长特性如图 3.43 所示。可以看出，当来流温度提高，液膜厚度增长速度加剧，液膜覆盖区域显著变宽，而冰层生长速度相对下降。

当考虑液膜流动特性的影响，且液膜流动的驱动力主要为压力梯度、剪切力及重力时，冰层与液膜的生长特性如图 3.44 所示(来流温度 263K，来流速度 40m/s)。比较图 3.42 和图 3.44 可以看出，当考虑液膜流动特性影响时，压力及剪切力的作用，使驻点处的凹陷变得相对平缓，而液膜厚度显著减薄。同时，由于重力作用的影响，上表面的水向下表面流动，导致下表面液膜及结冰均厚于上表面。

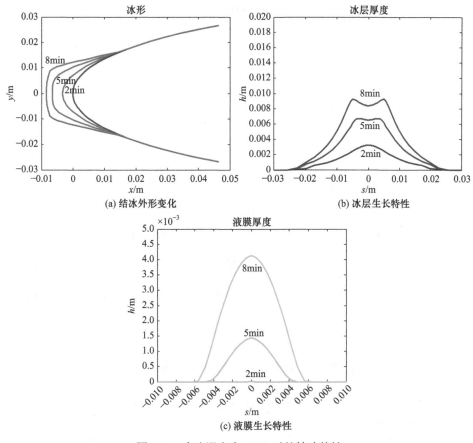

(a) 结冰外形变化　　　　　　　　　　(b) 冰层生长特性

(c) 液膜生长特性

图 3.43　来流温度为 268K 时的结冰特性

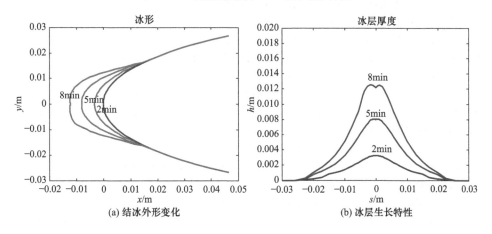

(a) 结冰外形变化　　　　　　　　　　(b) 冰层生长特性

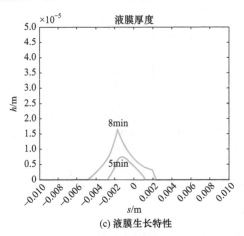

(c) 液膜生长特性

图 3.44   来流温度为 263K 且考虑液膜流动时的结冰特性

参 考 文 献

[1] 杜雁霞, 桂业伟, 肖春华, 等. 飞机结冰过程的液/固相变传热研究. 航空动力学报, 2009, 24(8): 1824-1830.

[2] Zhou Z, Yi X, Jiang W, et al. Quantitative detection method for icing of horizontal-axis wind turbines. Wind Energy, 2019, 22(3): 433-446.

[3] 肖光明, 杜雁霞, 王桥, 等. 考虑非平衡效应的过冷水滴凝固特性. 航空学报, 2017, 38(2): 74-80.

[4] Du Y, Gui Y, Wang X. Investigation on fractal characteristics of aircraft icing. Ninth Asian Thermophysical Properties Conference, 2010.

[5] Messinger B L. Equilibrium temperature of an unheated icing surface as a function of air speed. Journal of the Aeronautical Sciences, 1953, 20(1): 29-42.

[6] Kind R J, Potapczuk M G, Feo A, et al. Experimental and computational simulation of in-flight icing phenomena. Progress in Aerospace Sciences, 1998, 34: 257-345.

[7] Olsen W, Walker E. Experimental evidence for modifying the current physical model for ice accretion on aircraft surfaces. NASA TM-87184, 1986.

[8] Karev A R, Farzaneh M, Lozowski E P. Character and stability of a wind-driven supercooled water film on an icing surface—I. Laminar heat transfer. International Journal of Thermal Sciences, 2003, 42: 481-498.

[9] Karev A R, Farzaneh M, Lozowski E P. Character and stability of a wind-driven supercooled water film on an icing surface—II. Transition and turbulent heat transfer. International Journal of Thermal Sciences, 2003, 42: 499-511.

[10] 周光坰, 严宗毅, 许世雄, 等. 流体力学. 北京: 高等教育出版社, 2000.

[11] Liu M, Zhao Q, Wang Y, et al. Melting behaviors, isothermal and non-isothermal crystallization kinetics of nylon 1212. Polymer, 2003, 44(8): 2537-2545.

[12] Verdin P G. An automatic multi-stepping approach to aircraft ice prediction. Bedfordshire: Cranfield University, 2007.

[13] 杜雁霞, 桂业伟, 肖春华, 等. 过冷水滴液-固相变动力学特性研究. 制冷学报, 2008, 29(4): 30-33.

[14] 杜雁霞, 桂业伟, 肖春华, 等. 飞机结冰过程的传热研究. 工程热物理学报, 2009, 30(11): 1923-1925.

[15] Blake J, Thompson D, Raps D, et al. Simulating the freezing of supercooled water droplets impacting a cooled substrate. AIAA Journal, 2015, 53(7): 1725-1739.

[16] Fumoto K, Kawanami T. Study on freezing characteristics of supercooled water droplets impacting on solid surfaces. Journal of Adhesion Science and Technology, 2012, 26(4-5): 463-472.

[17] King W D. Freezing rates of water droplets. Journal of the Atmospheric Sciences, 1975, 32(2): 403-408.

[18] Tabakova S, Feuillebois F, Radev S. Freezing of a suspended supercooled droplet with a heat transfer mixed condition on its outer surface. 1st International Conference on Applications of Mathematics in Technical and Natural Sciences, AIP Publishing, 2009, 1186(1): 240-247.

[19] 肖光明, 杜雁霞, 李伟斌, 等. 过冷水滴凝固特性的计算与实验研究. 工程热物理学报, 2017, 38(10): 2196-2201.

[20] Feuillebois F, Lasek A, Creismeas P, et al. Freezing of a subcooled liquid droplet. Journal of Colloid and Interface Science, 1995, 169(1): 90-102.

[21] Burtnett E. Volume of fluid simulations for droplet impact on dry and wetted hydrophobic and superhydrophobic surfaces . Mississippi: Mississippi State University, 2012.

[22] Jung S, Dorrestijn M, Raps D, et al. Are superhydrophobic surfaces best for icephobicity? Langmuir, 2011, 27(6): 3059-3066.

[23] Voller V, Prakash C. A fixed grid numerical modelling methodology for convection-diffusion mushy region phase-change problems. International Journal of Heat and Mass Transfer, 1987, 30(8): 1709-1719.

[24] Crank J. Free and Moving Boundary Problems. New York: Oxford University Press, 1987.

[25] Worster M G. Solidification of Fluids// Batchelor G K, Moffat H K, Worster M G.Perspectives in Fluid Dynamics.Cambridge :Cambridge University Press, 2000: 393-446.

[26] Ellen N, Jacco M H, Edwin W, et al. Aircraft icing in flight: effects of impact of supercooled large droplets. 29th Congress of the Aeronautical Sciences St. Petersburg, Russia, 2014.

[27] Tabakova S, Feuillebois F. On the solidification of a supercooled liquid droplet lying on a surface. Journal of Colloid and Interface Science, 2004, 272(1): 225-234.

[28] Szimmat J. Numerical simulation of solidification proceses in enclosures. Heat and Mass Transfer, 2002, 38: 279-293.

[29] Myers T G. Extension to the Messinger model for aircraft icing. AIAA Journal, 2001, 39(2): 211-218.

[30] Myers T G, Thompson C P. Modeling the flow of water on aircraft in icing conditions. AIAA Journal, 1998, 36(6): 1010-1013.

[31] Myers T G, Charpin J, Chapman S. The flow and solidification of a thin fluid film on an

arbitrary three-dimensional surface. Physical Fluids, 2002, 14(8): 2788-2803.

[32] Myers T G, Charpin J. A mathematical model for atmospheric ice accretion and water flow on a cold surface. International Journal of Heat and Mass Transfer, 2004, 47: 5483-5500.

第4章 飞机结冰冰形微观结构形成与演化

杜雁霞　　刘　磊

飞机结冰过程在宏观上表现为冰形的生长与演化，在微观上则表现为晶核形成与晶体生长过程。由于受不同结冰条件的影响，所生成的冰形不但在外观和内部结构上有所不同，而且在密度、导热系数、比热容以及冰的内部应力特性及冰在物面的黏附特征等方面均存在较大差异[1,2]。尽管结冰冰形是影响结冰特性及防/除冰能量需求准确预测的重要指标之一，但由于结冰形貌的不规则性和随机性，所以经典体视学在描述结冰冰形方面尚存在较大难度。迄今为止，国内外对飞机结冰过程中不同冰形的描述仅限于根据透明和致密程度等表观特性定性划分为明冰、霜冰和混合冰。因而现行的冰形描述方法只能提供不同冰形的离散评价参数，无法实现冰形的定量描述并建立冰形与结冰条件的定量关系。基于现行冰形的定性描述方法，飞机结冰研究在飞机表面结冰速率和冰形特征预测，以及相应的防/除冰能量需求的准确计算方面均存在较大的局限性，因而已难以适应精细化的结冰预测以及高效防/除冰系统研制的要求。本章从冰形微观结构角度研究冰形特征及其与形成条件之间的关系，并进一步探索冰形的定量表征方法。

4.1　结冰特征的分形研究

4.1.1　冰形微观结构的分形特征

从金相显微镜下拍摄的照片可以发现，不同冰形在微观结构上表现为冰晶和气泡随机形成的多孔介质，区别在于不同冰形中冰晶和气泡的比例及分布存在差异。冰形微观形态的随机分布看似无规则和杂乱无章，并无法采用传统欧氏(Euclid)几何的方法准确表征其几何特征，但由于冰晶的微观结构形态在统计意义上呈现出较强的自相似特征[3-5]，从而为采用分形几何进行定量研究提供了可能。

分形几何学(fractal geometry)是一种探索自然界复杂及不规则形态的数学分支[6]。分形是许多与整体相似的部分以一定方式组成的集合，具有小尺度的结构和大尺度的结构互相类似的特点。自然中普遍存在着分形，如雪花、云朵、山脉、地形都表现出分形特点[7]。分形几何学的产生与发展为研究处理自然和工程中的无规则结构提供了强有力的工具[8-11]，它不仅可对无规则结构等现象给予定量描述，并能揭示无规则下隐藏的本质特征和规律[12]。由于冰形在宏观形态上的复杂性，其定量描述一直是国际结冰研究领域的一个难点，本章从分形论的角度研究冰的微观结构，尝试从一个新的角度建立微观与宏观特性及结冰条件之间的关系，揭示冰形的分形特征与结冰条件及宏观特征之间的关系，以期建立冰形特征的定量描述机制，使之成为飞机结冰冰形研究的一种普遍理论方法。

1. 冰形的获取

在飞机结冰过程中，不同冰形的形成与来流温度、速度、过冷水滴平均水滴直径(MVD)及液态水含量(LWC)等结冰气象条件密切相关，因而不同冰形的形成其实质是由于不同结冰温度和冷却速率而导致的。为了研究不同冰形的表观特性与微观结构之间的关系，课题分别以超临界翼型和圆柱为试验模型，在0.3m×0.2m结冰风洞内进行结冰试验，以获得不同来流条件下的前缘结冰冰形。图4.1为结冰风洞内超临界翼型前缘结冰的试验生成冰形。试验过程中，保持喷雾系统的水压和气压不变，使试验过程水滴平均水滴直径(MVD)和液态水含量(LWC)相对恒定，分别变换来流温度和来流速度，获得不同来流温度和来流速度条件下的结冰冰形。

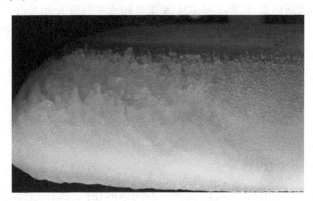

图 4.1　结冰风洞内超临界翼型结冰试验

2. 冰形微观结构的成像方法

为了获得不同冰形的微观结构，将结冰风洞内生成的冰形打磨平整，在金相显微镜下进行冰形微观结构透射图像的拍摄，并通过计算机图像采集系统进行显微图像的采集，实验系统如图4.2所示。

根据冰形的结构特征，本研究的金相图像均在50倍放大倍数条件进行拍摄。图4.3是来流温度为−5℃，来流速度分别为3m/s、8m/s及25m/s条件下翼型前缘结冰冰形的微观结构图像。

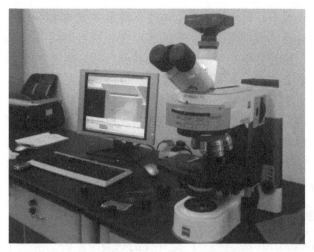

图 4.2 冰形微观结构显微成像实验

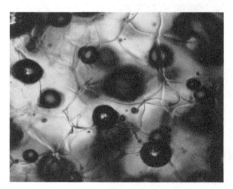

(a) $T=-5℃$，$V=3m/s$

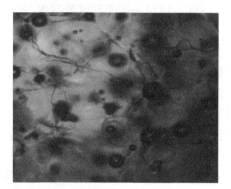

(b) $T=-5℃$，$V=8m/s$

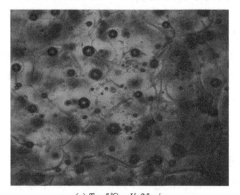

(c) $T=-5℃$，$V=25m/s$

图 4.3 不同来流速度下冰形的微观结构图像

4.1.2　分形维数的计算方法及冰形的分形表征

从图 4.3 中可以看出，对于不同来流速度条件下生成的冰形，其微观结构特征也显示出较大的差异。但总体而言，不同冰形在微观组织结构上均表现为晶粒和气泡的随机分布。尽管晶粒、气泡的大小及其分布随结冰气象条件的不同而有所差异，但从统计意义上看，不同图像的部分和整体均存在自相似和自仿射意义上的相似特征，从而为采用分形几何的研究方法提供了可能。分形几何理论给出了一种描述具有随机形态特征及无穷细节的自然现象的较为准确的几何模型，而分形维数是基于分形几何理论的一个描述随机特征形态的有效参数，因而分形维数提供了一个材料性质变化的连续变量指标。为了定量描述不同冰形的特征，需求取不同图像的分形维数。

1. 分形几何原理及分形维数计算方法

自相似性(self-similarity)是自然界广泛存在的一类对象的基本属性，是对象的局部与整体、局部与局部在形态、结构、功能、特征、信息上所具有的统计意义上的相似性。即在一定的尺度范围内，适当地放大或缩小对象的几何尺寸，整个形态、结构、功能、特征、信息并不改变。用数学语言来说，所谓自相似就是集合 S 在一个实数变换 r 的作用下映射为 $r(S)$，S 中 n 个非重叠子集与 $r(S)$ 除了位置的移动外，是完全或统计意义上的完全一致[13-16]。

当系统的自相似性表现在几何结构和形态上时，称为几何分形。分形维数是度量不规则物体或分形物最主要的指标，用以表征对象的不规则和碎裂程度。分形维数不同，物体的复杂程度或它们的动态演化过程就不相同。分形几何突破了传统欧氏几何的限制性，认为物体的空间维数可以不是整数，因而可以在更深层次上深刻地描述、研究和分析自然界中普遍存在的、杂乱无章的、不规则的、随机的自然形态。其处理方法的本质是直接从非线性复杂系统本身入手，从未经简化的、抽象的研究对象本身去认识物体的内在规律，因而可以将传统方法不能定量描述或难以描述的复杂现象用一种较为便捷的定量方法表述出来[17-23]。

如何描述研究对象的分形维数，取决于研究对象的特征以及研究目的。由于自然界中的物理分形往往表现出某种随机性和尺度性，即仅在特定尺度范围内从统计角度上表现为分形特征，因此分形维数有多种定义方式。

1) 自相似维数

把单位长度的线段 N 等分，每个线段长 r (即每一小段均缩小为原来的 $1/N$)，则 $Nr=1$ 或 $N=1/r$；把单位面积的正方形 N 等分，每个小正方形边长为 r，则 $Nr^2=1$ 或 $N=(1/r)^2$；把单位体积的正方形 N 等分，每个小立方体边长为 r，则 $Nr^3=1$ 或 $N=(1/r)^3$。在以上三个等式中，r 的幂次即为该几何体能得到的欧氏

空间的维数。于是有

$$Nr^d = 1 \quad 或 \quad N = (1/r)^d \tag{4.1}$$

两边取对数，即可获得欧氏几何中维数的对数形式，即

$$d = \frac{\ln N}{\ln(1/r)} \tag{4.2}$$

其中，N 为小几何体的数目，r 为小几何体线尺度的缩小比例。对于欧氏几何，d 为整数。按照这些规则图形的维数概念，可以推广到不规则的图形。对于 d 不是整数的几何图形称为分形，按(4.2)式算出的维数为分数，称为分形维数 D。即

$$N = \left(\frac{1}{r}\right)^D \tag{4.3}$$

$$D = \frac{\ln N}{\ln(1/r)} \tag{4.4}$$

如果将(4.3)式中的 r 换为 br ，则有

$$N(br) = b^{-D}N(r) \tag{4.5}$$

(4.5)式即为典型的自相似关系的表达式，于是有

$$D = \frac{\ln[N(br)/N(r)]}{\ln(1/b)} \tag{4.6}$$

其中，r 为码尺，b 为标度比，$N(r)$ 为对应的作为放大缩小操作的起始代。

2) Hausdorff 维数

欧氏空间中一子集 S 的豪斯多夫(Hausdorff)维数 D，是覆盖它所需的开球数。采用半径为 r ($r > 0$)的开球去覆盖 S，$N(r)$ 为所需开球的最小数目。则下式极限称为 S 的 Hausdorff 维数 D。

$$D = \lim_{r \to 0} \frac{\ln N(r)}{\ln(r)} \tag{4.7}$$

假设 S 能分为 n 个自相似的图形，每一小图形在线度上缩小到 $1/k$，根据(4.4)式的相似关系得

$$D = \frac{\ln n}{\ln k} \tag{4.8}$$

n 和 k 分别对应 N 和 $1/r$。假设 S 能以 $N(r_0)$ 个以 r_0 为半径的开球覆盖，每个以 r_0 为半径的相似单元又能以 n 个再缩小的半径为 r_0/k 的开球所覆盖。这样有

$$N\left(\frac{r_0}{k}\right) = nN(r_0) \tag{4.9}$$

上述程序继续进行 m 次，可得

$$N\left(\frac{r_0}{k^m}\right) = n^m N(r_0) \quad (m=1,\ 2,\ 3,\ \cdots) \tag{4.10}$$

当 $m \to \infty$ 时，(4.10)式的极限为

$$\lim_{m \to 0} \frac{-\ln N(r_0 / k^m)}{\ln\left(\dfrac{r_0}{k^m}\right)} = \lim_{m \to \infty} \frac{-\ln n^m N(r_0)}{\ln\left(\dfrac{r_0}{k^m}\right)} \tag{4.11}$$

$$= \lim_{m \to \infty} \frac{m \ln n + \ln N(r_0)}{m \ln k - \ln r_0} = \frac{\ln n}{\ln k} = D$$

(4.11)式即为 Hausdorff 维数的数学形式。人们常把 Hausdorff 维数为分数的物体称为分形。严格由数学迭代产生的有规分形，可直接由定义出发确定其分形维数，然而对于无规分形，Hausdorff 维数和相似维数等都是难以计算的，需通过实验的手段或其他方法确定其分形特征和分形维数。因此，许多等价或近似的维数被提了出来，其中应用最为广泛的是计盒维数(box-counting dimension)法[24,25]。根据冰形的微观结构特征，本研究采用计盒维数法进行研究。

设 F 是 R^n 中的一个非空有界集合，$N_\delta(F)$ 是直径最大为 δ，可以覆盖 F 的集的最少个数，则 F 的下、上计盒维数定义为

$$\underline{\dim_{B}} F = \varliminf_{\delta \to 0} \frac{\ln N_\delta(F)}{-\ln \delta} \tag{4.12}$$

$$\overline{\dim_{B}} F = \varlimsup_{\delta \to 0} \frac{\ln N_\delta(F)}{-\ln \delta} \tag{4.13}$$

若上述两值相等，则把该相等值称为 F 的计盒维数，记为

$$D_B = \dim_{B} F = \lim_{\delta \to 0} \frac{\ln N_\delta(F)}{-\ln \delta} \tag{4.14}$$

计盒维数的等价定义包括：

(1) 覆盖 F 的直径最大为 δ 的集的最少个数；

(2) 覆盖 F 的半径为 δ 的闭球的最少个数；

(3) 覆盖 F 的边长为 δ 的立方体的最少个数；

(4) 中心在 F 内半径为 δ 的不交球的最多个数；

(5) 与 F 相交的 δ-网立方体个数。其中，δ-网立方体是形如 $[m_1\delta,(m_1+1)\delta] \times \cdots \times [m_n\delta,(m_n+1)\delta]$ 的立方体，$m_1,\cdots,m_n$ 是整数。

根据冰形的显微图像特征，本节采用上述计盒维数(5)中关于维数的定义。即

通过将与 F 相交的 δ-网立方体个数代替 $N_\delta(F)$ 代入(4.12)式～(4.14)式来获得分形维数。

对于冰形的显微分形图像,其分形嵌套结构既有上限,同时也有一定的下限,只能分割到有限代,当 δ 小到像素尺度时,图像就是一个二维的集合,不再具有分形特征,因此,图像分形的最小尺度不能小于一个像素点。在适当范围内选取一组离散的 δ 值, $\delta_1, \delta_2, \cdots, \delta_n$,计算出相应的盒子数 $N_{\delta_n}(F)$,然后在双对数坐标系中用直线拟合数据点($\ln \delta_n, \ln N_{\delta_n}(F)$),斜率即为所得分形维数。线性拟合精度由 R^2 值来表示

$$R^2 = \frac{\left(n\sum x_i y_i - \sum x_i \sum y_i\right)^2}{\left(n\sum x_i^2 - \left(\sum x_i\right)^2\right)\left(n\sum y_i^2 - \left(\sum y_i\right)^2\right)} \tag{4.15}$$

R^2 越趋于 1,相对误差越小,实验点越聚集在回归直线附近,拟合精度越高。

对于数字图像,其计盒维数的计算可采用像素点覆盖法[26-30]。图像由大小为 δ 的像素点组成,将图像进行二值化处理,然后将二值化图像转换为一个数据文件,实际为由 1 和 0 构成的一个大型矩阵,其行列数分别对应于二值图的行列数,每个数据取值为 1 或 0,取决于图像对应的像素点是黑或白。将所得数据文件依次划分为若干块,即分成不同的子矩阵,使得每一块的行数据和列数据均为 n ,统计子矩阵中包含 0(或 1)的块的个数记为 $N_{\delta_n}(F)$,如子矩阵为 0 矩阵,则相应网格没有覆盖图像的关心区域,如子矩阵不全为 0 矩阵,则相应网格覆盖了图像的关心区域。在每一种网格划分下,遍历所有子矩阵,即可统计出所有覆盖图像中关心区域的网格数目 $N_{\delta_n}(F)$ 。通常取 $n = 1, 2, 4, \cdots, 2^i$,即以 $1, 2, 4, \cdots, 2^i$ 个像素点的尺寸为边长作块划分,从而得到盒子数 $N_1, N_2, \cdots, N_{2^i}$ 。由于 $\delta =$ 图像长度/像素点个数,所以行和列都可以分为 n 段,边长为 $\delta_n = n\delta\ (n = 1, 2, 4, \cdots, 2^i)$ 。对于一个具体图像 δ 为一常值,因此在具体计算时可直接用 $n\delta$ 代替 δ_n 。在双对数坐标平面内,以最小二乘法用直线拟合数据点($\ln \delta_n, \ln N_{\delta_n}(F)$)($n = 1, 2, 4, \cdots, 2^i$),所得到的直线斜率的负值即为该图像的计盒维数[22,31-34]。

计盒维数法计算程序框图如图 4.4 所示。为了获得不同冰形的分形维数,将采集图像进行灰度转换、图像编辑、图像几何学变换,获得 256 级灰度的数字图像,再在一定阈值下经阈值截取和反色变换为二值黑白数字图像,为不同冰形分形维数的求取奠定基础。通过滤波、增强及边缘检测等图像处理,将图像的分形特征最大限度地表现出来。

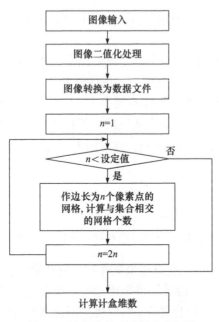

图 4.4 计盒维数法计算程序框图

2. 分形算法的验证

为了验证上述图像分形计盒维数计算方法的正确性，对已知分形维数的图像(直线、正方形和 Sierpinski 垫等)进行了计算。表 4.1 是其计盒维数和理论维数的比较。图 4.5 及图 4.6 分别为正方形和 Sierpinski 垫的计算分形维数曲线。可以看出，采用本节方法计算出的图像的计盒维数误差均在 5%以内，表明算法及程序是有效的。

表 4.1 计盒维数与理论维数的比较

图像	理论维数	计盒维数	相对误差	图像大小
直线	1	1.001	0.10%	512×512
正方形	2	2.001	0.05%	512×512
Sierpinski 垫	1.585	1.663	4.81%	256×256

3. 前缘结冰冰形的分形表征

将晶相显微成像实验获得的图像采用图像处理技术进行灰度调整、特征检测、模式识别及几何运算，将关心的区域从图像中提取出来，然后进行二值化处理，从而强化图像所反映的研究对象。再采用上述方法进行分形维数的求解，以获得

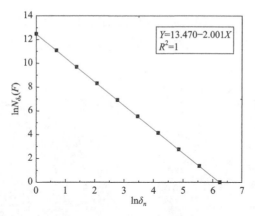

图 4.5 正方形的分形维数曲线

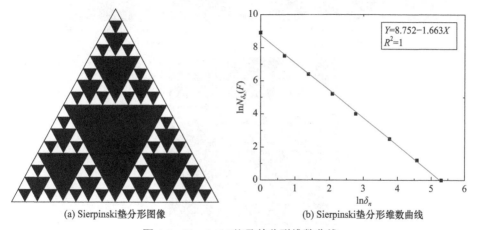

(a) Sierpinski垫分形图像　　　　　(b) Sierpinski垫分形维数曲线

图 4.6　Sierpinski 垫及其分形维数曲线

不同冰形微观结构的分形维数。

1) 来流速度对分形特征的影响

图 4.7 是不同来流速度下冰形微观结构的二值图。对所获得的二值图像进行分形计算，可得不同结冰冰形微观结构图像的分形维数，如图 4.8 和图 4.9 所示。

从图 4.7 和图 4.9 可以看出，从微观结构上看，不同来流速度条件下前缘结冰内部结构在气泡大小、数量、分布特征及分形维数方面均有着很大程度的不同。随着来流速度的增加，气泡的数量相对增多但体积相对减小。这是由于来流在撞击物面时，将过冷水滴携带的空气粉碎，空气泡来不及逃逸被包围在迅速凝固的水滴之中。来流速度越高，来流对气泡的粉碎作用越明显，因而气泡体积也相对越小，数量越多，图像的分形维数相对越大；反之，来流速度越低，对气泡的粉碎作用相对越弱，因而气泡体积相对越大，数量越少，图像的分形维数也相对越小。不同来流速度条件下冰形微观结构分形维数曲线的相关系数均接近于 1，

$\ln N_{\delta_n}(F)$-$\ln\delta_n$ 关系曲线的线性拟合具有相当稳定的斜率值和较高拟合精度，说明图形具有较好的自相似特征，数据符合分形理论的幂率关系，显示了冰形微观结构图像具有较强的分形特征。

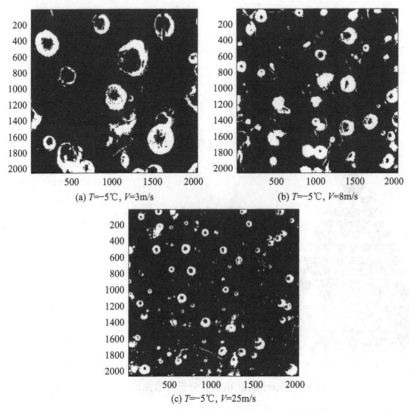

(a) T=−5℃, V=3m/s　　　　　　(b) T=−5℃, V=8m/s

(c) T=−5℃, V=25m/s

图 4.7　不同来流速度下冰形微观结构的二值图

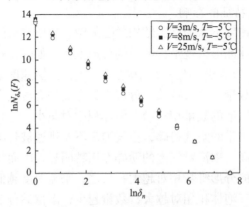

图 4.8　不同来流速度下冰形微观结构的分形维数曲线

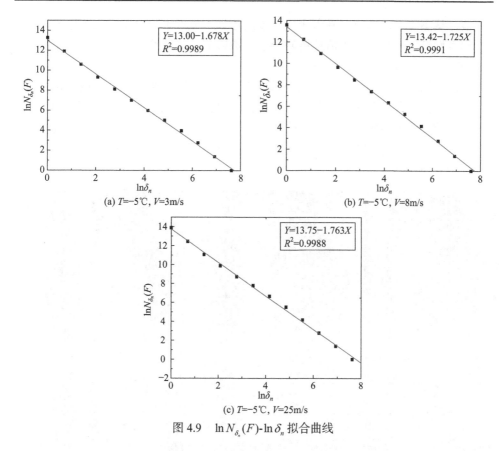

图 4.9 $\ln N_{\delta_n}(F)$-$\ln \delta_n$ 拟合曲线

为了获得来流速度对分形维数的影响规律，维持温度相对恒定，变换不同的来流速度，获得不同来流速度下的冰形及其显微图像，并进而计算出相应冰形的分形维数。图 4.10 显示了来流温度为-5℃，来流速度不同条件下冰形分形维数的

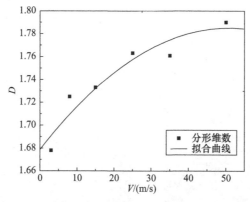

图 4.10 计盒维数随来流速度的变化

变化曲线。从图中可以看出，随着来流速度的增加，分形维数总体呈上升趋势，但数据离散性较大，显示出来流速度对分形维数影响的复杂性。

2) 来流温度对分形特征的影响

为了研究来流温度对冰形微观结构的影响，保持结冰风洞内的来流速度相对恒定，采用不同来流温度进行试验，获得不同温度条件下的试验冰形(图 4.11)。固定放大倍数，用金相显微镜拍摄不同冰形的微观结构特征，图 4.12 即为来流速度为 40m/s，来流温度分别为-3℃、-6℃及-11℃条件下 Φ30 不锈钢圆柱模型前缘结冰的微观结构图像。

(a) T=-3℃，V=40m/s   (b) T=-6℃，V=40m/s   (c) T=-11℃，V=40m/s

图 4.11 不同来流温度下冰形的表观图像

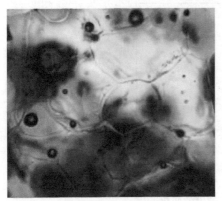
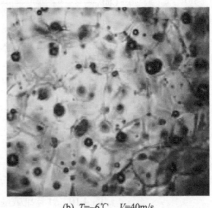

(a) T=-3℃，V=40m/s   (b) T=-6℃，V=40m/s

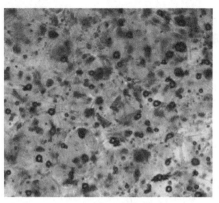

(c) $T=-11℃$，$V=40m/s$

图 4.12 不同来流温度下冰形的微观结构图像

采用与前述同样的方法可获得不同来流温度条件下冰形微观结构的分形维数，如图 4.13 和表 4.2 所示。从计算结果可以看出，不同来流温度条件下的结冰不但在宏观上表现为透明程度和规则程度的不同，同时其微观结构中晶体粒度、气泡数量及分形维数也有着很大的差异。来流温度越高，气泡数量越少，晶体粒度越大，冰形分形维数越小；反之，来流温度越低，气泡数量越多，晶体粒度越小，冰形微观结构图像的分形维数越大。这是由于在相同来流速度条件下，来流温度越低，水滴过冷度越大，在相同时间相同撞击速度条件下所形成的临界晶核数量增加，即晶种数目增大，晶体生长时晶粒相遇的可能性增大，晶粒生长速率受到晶界限制，使相同的有限时间内晶粒不易长大，因而形成较小的晶体粒度。反之，来流温度越高，水滴过冷度越小，相同时间内所产生的临界晶核数相对较少，因而形成粒度较大的晶体。同时，当结冰温度较高、过冷度较小时，结晶时间变长，因而空气溢出的机会增大，晶体内气泡相对较少；当过冷度增加时，结

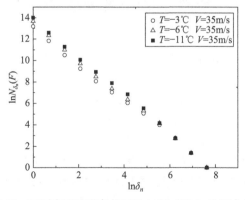

图 4.13 不同来流温度条件下的 $\ln N_{\delta_n}(F)$-$\ln \delta_n$ 拟合曲线

晶速度加快，过冷水滴携带的空气在水滴凝固之前逃逸的可能性减小，使晶体中气泡相对增多。分形维数的大小正是反映了冰形微观结构的差异而形成的图像微观结构不规则程度的高低。

表 4.2　不同来流温度条件下冰形微观结构分形维数

来流条件		冰形特征	
温度/℃	速度/(m/s)	分形维数	相关系数
−11	40	1.792	0.9990
−6	40	1.741	0.9992
−3	40	1.660	0.9988

3) 冰形微观结构的多重分形特征

从图 4.12 可以看出，不同结冰温度条件下冰形的微观结构除了气泡密度、晶粒大小存在较大差异外，晶界的规则程度也显示出较大的差异。这是由于冰的微观结构同金属、陶瓷等材料的内部微观结构一样，也主要包括晶界、位错、第二相及气孔等微观组元，如图 4.14 所示。

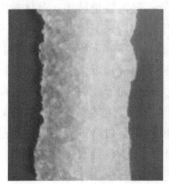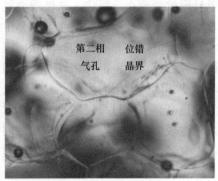

第二相　位错
气孔　　晶界

图 4.14　冰形微观组元示意图

由于飞机结冰过程是包含空气的过冷水滴的快速凝固过程，因而其第二相(气泡)的相含量占有相当大的比例，并成为影响冰形微观结构特征及宏观透明和致密程度的主要因素。因此，前面的研究主要关注第二相(气泡)的分布特征，因而二值化后的微观结构图不能体现晶粒和晶界特征的影响。

从图 4.12 可以看出，在不同的来流温度条件下，结冰的微观结构图像中除第二相有所差异外，晶体粒度及晶界特征也有所不同。为了研究来流温度对晶体粒度及晶界特征的变化，提取不同来流温度下冰形的晶界进行分析。在显微图像的二值化处理过程中，设定两个不同的阈值 θ_1 和 $\theta_2(\theta_1 < \theta_2)$，当某个点的像素值小于等于 θ_1 或大于等于 θ_2 时，将其置为 0，反之则置为 1。最终仅将晶界图像特征

提取出来，并转换成仅有 0 和 1 两个灰度值的黑白图像，图 4.15 即为在温度为 -3℃，来流速度为 40m/s 条件下生成冰形的晶界形貌。从晶界图像可以看出，冰形的晶界特征也显示出较强的统计自相似特征。这说明冰形的微观结构包含了不止一种分形结构，从而显示出其多重分形的特征。用同样的方法可获得相同来流速度、不同来流温度条件下冰形的晶界图像。

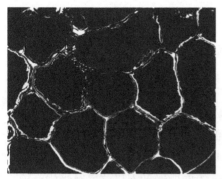 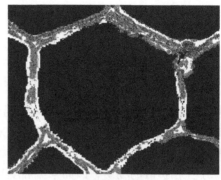

(a) 多晶体组合结构　　　　　　　　　　　(b) 单个晶界

图 4.15　在温度为-3℃，来流速度为 40m/s 条件下的晶界图像

从图 4.15 可以看出，单个晶体结构近似呈六边形形状，这是由于在冰的形成过程中，水分子的缔合是通过氢键按六方晶系的规则排列起来的。但随着来流条件的变化，结晶条件相应改变，从而导致晶体的微观组元如晶界、气孔、位错等特征各异，但总体上呈六边形并显示出较强的统计自相似特征，如图 4.16 所示。采用计盒维数法进行分析，可获得不同来流温度条件下前缘结冰冰形晶界特征的分形维数，如图 4.17 所示。

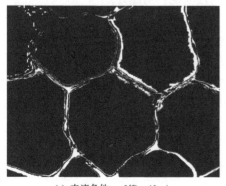 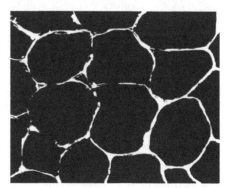

(a) 来流条件：-3℃，40m/s　　　　　　　(b) 来流条件：-8℃，40m/s

图 4.16　两种不同来流温度下晶界图像的局部放大图

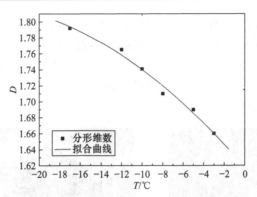

图 4.17　不同来流温度对晶界分形维数的影响

从图 4.16 和图 4.17 可以看出，来流温度越高，晶体粒度相对越大，同时晶界也相对平直，因而晶界的分形维数越小；来流温度越低，晶体粒度越小，晶体的规则程度也相对越差，晶界的分形维数也相对越大。由于晶界是晶粒成核、生长以及原子互相扩散的场所，因而来流温度越高，结晶的驱动力过冷度就越小，结晶过程的动态回复较为充分，使形变储存能较小，因而产生的再结晶少，使晶粒能够充分生长，因而晶粒尺度大。晶粒在长大过程中，为使界面能趋于最低化而使晶界向曲率中心移动，从而使晶界趋于平直，晶界的不规则程度降低，因而分形维数相应较小；随着过冷度的增加，结晶形成的形变组织中的位错来不及相消，动态回复程度降低，积聚的形变储存能增大，再结晶驱动力随之增大，加剧了后期的再结晶过程，从而使晶粒趋于细化。该结论与第 2 章所获得的研究结论一致，即过冷度越大，结晶温度越低，水分子的扩散能力越弱，因而其有序排列也相对越困难，使得结晶的完善程度及晶粒的规则程度也相对越差；反之，水分子的有序排列能力越强，结晶的完善程度及晶粒的规则程度也相对越好。

4) 冰脊微观结构的分形特征

冰脊一般是在液态水含量、结冰温度较高或防/冰系统开启条件下，过冷水滴在撞击区不能完全凝固，而在向后溢流的过程中冻结，从而形成的局部突起形状的结冰。为了研究该类结冰与前缘结冰在冰形特征上的差别，本节进行了溢流结冰的风洞试验及金相实验，从冰脊的微观结构角度研究冰脊不同于前缘结冰的组织结构特征。

图 4.18 为在来流速度为 30m/s，来流温度为-7℃的条件下，带电热除冰装置的平板模型在结冰风洞内的冰脊形成图像。图 4.19 为相同条件下圆柱模型前缘结冰的冰风洞试验冰形。

图 4.20 和图 4.21 分别为上述条件下冰脊和前缘结冰的表观特征及微观结构特征的比较。可以看出，相同来流条件下形成的冰脊在表观上比前缘结冰更为透明，

图 4.18 溢流过程的冰脊形成试验

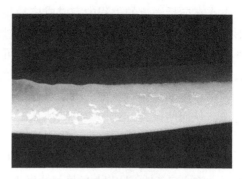

图 4.19 前缘结冰的冰形形成试验

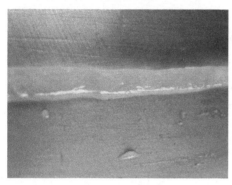

(a) 冰脊

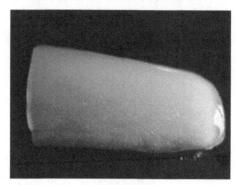

(b) 前缘结冰

图 4.20 相同条件下冰脊及前缘结冰表观特征的比较

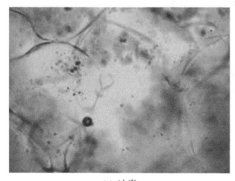

(a) 冰脊

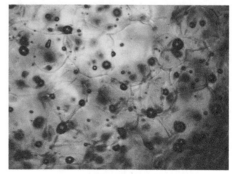

(b) 前缘结冰

图 4.21 相同条件下冰脊及前缘结冰微观结构图像的比较

更接近于明冰的形态；而从其微观结构来看，溢流结冰与前缘结冰在气泡数量、分布、晶粒大小等方面均有着较大的差异。冰脊不但其晶体粒度要显著大于前缘结冰，而且气泡数量也明显少于前缘结冰。这是由于在溢流结冰条件下，未冻结的液态水在向后溢流的过程中完成成核和晶体生长过程。与前缘结冰相比，在溢流形成冰脊的过程中，分子间的相互碰撞过程相对较为微弱，因而其异相成核的概率要小于前缘结冰。根据第 2 章的研究可知，在相同条件下，均相成核速率要大大低于前缘结冰因撞击而形成的异相成核速率，因而冰脊形成过程中晶核数量较少，结冰速率也相对较慢，凝固过程中过冷水滴所携带的气泡有相对较长的时间逃逸，从而使该类方式形成的结冰从微观结构看气泡数量相对较少，晶体粒度相对较大，从表观上看则更为致密而透明。

　　图 4.22 为不同速度条件下冰脊微观结构图像的 $\ln N_{\delta_n}(F)\text{-}\ln\delta_n$ 曲线，图 4.23 为不同来流速度条件下冰脊与前缘结冰微观结构的分形维数比较。由图 4.23 可以看出，随着来流速度的增加，无论是溢流形成的冰脊还是水滴撞击形成的前缘结冰，冰形微观结构的分形维数均趋于上升趋势。但在相同条件下，前缘结冰的分形维数均要大于冰脊的分形维数。由于分形维数是表征分形体结构复杂程度的重要指标，

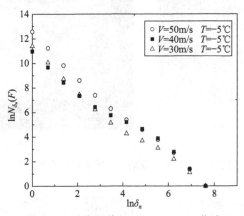

图 4.22　冰脊图像的 $\ln N_{\delta_n}(F)\text{-}\ln\delta_n$ 曲线

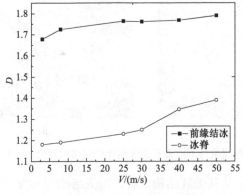

图 4.23　冰脊与前缘结冰的分形维数比较

因而表明在相同的结冰条件下，前缘结冰在微观结构的复杂程度上要大于溢流形成的冰脊，如图 4.22 所示。由于材料的微观结构特征在很大程度上会影响其宏观特性，如果把冰也视为一种广义的材料，那么可以认为冰形微观结构方面的差异也会导致其宏观物性参数存在差异，从而影响相应结冰冰形的防/除机制。

4.1.3 冰形分形维数的物理意义

分形结构是复杂系统演化后的产物，随机性、耗散性和非线性是产生分形结构的物理机制。在分形体显微组织演变过程中，其影响因素众多而复杂，本质上是非线性的，而非线性的物理本质是耗散性，耗散性又是随机性的后果，因此，显微组织的演变具有分形性质。从其演变的动力学机制来看，自相似图形的生成机制是相同的，对于过冷水滴的结晶过程，每一步的形核与长大过程都是彼此相似的，因此，从动力学角度看，该组织也具有自相似性。

从数学上看，数字图像的计盒维数描述了由离散像素构成的数字图像中关心区域的分布特点，而这一特点的物理意义需结合数字图像所赋存的物理意义加以研究。分形维数作为表征图像不规则和复杂程度的一种度量，与人类视觉对图形粗糙程度的感知是一致的，分形维数越大，图像表面越不规则，越粗糙；反之，越趋于平坦光滑。分形维数与拓扑维数之差是系统无序程度的度量，两者差值越大，系统的混乱度越大，即系统的熵越大。在本研究中计算得出的冰形微观结构分形维数越大，则冰形微观结构的不规则程度和复杂程度就越高；反之，冰形的不规则程度和复杂程度就越低。晶界分形维数越大，则晶界的弯曲程度越大；反之，晶界的弯曲程度越小。

分形维数的变化是介质内禀特性变化的表现，而介质微观结构变化又与其形成条件紧密相关。因此，通过分形维数特征研究，可以从一个新的角度去认识结晶条件与微观结构之间的关系。

4.1.4 冰形分形维数的不确定性分析

如果冰形的分形维数与介质形成条件和宏观物性参数之间的关系是确定的，就可以把分形作为冰形定量分析的一个工具，其实际应用的意义很大。然而，在实际的研究过程中，分形维数的有效性、准确性和普适性还受到很多因素的影响。

1. 无标度区间的影响

在分形维数的数学定义中，要求码尺趋于零时的极限存在。但是对于不同学科中研究的分形以及自然界存在的分形，一般说来并不存在无穷的嵌套结构，而只存在有限的嵌套层次。所以，码尺 δ 的范围选择关系到测量的分形维数的有效性和准确性。码尺的选择原则是：码尺的长度单位与分形存在层次的尺度单位相一致。近几年来国内外一些学者的研究表明：对实际分形体而言，测量的分形维数随码尺改变而变化，也就是说，对同一分形体由于选取的码尺不同，会得到不同的分形维数。

分形维数不确定性的产生原因是：实际存在的分形体不具有无限层次的自相似结构。把适用于无限层次分形体的公式用于实际的有限层次分形体，就有可能产生分形维数的不确定性。所以，测量码尺 δ 存在一个合理的取值范围，当 $\delta_0 \leqslant \delta \leqslant \delta_{\max}$ 时，测得的有限层次分形体的分形维数是一确定值 D，δ_0 是下临界点，$\delta_{\max}$ 是上临界点；当 $\delta < \delta_0$ 或 $\delta > \delta_{\max}$ 时，测得的分形维数 $D' < D$，而且 D' 是不确定的，码尺的临界值 δ_0 是由实际分形体的最小自相似结构层次所决定的。所以，在研究实际的分形体时，码尺的取值范围不是任意的，必须先对该分形体的结构特点进行细致的分析，再选择码尺和确定临界点。实际分形体只在一定层次范围内才呈现为分形或准分形的特点。因此，分形的标度不变性仅在一定范围内适用，即具有上、下两个边界。在应用分形理论研究材料微观结构与宏观特性时，应使得决定材料物性的微观结构与测量分形结构的码尺取值范围处于同一度域，这样得到的分形结构与宏观特性参数之间的关系才是可靠的。

2. 图像大小的影响

除了码尺的合理选择外，图像大小也会在一定程度上影响分形维数的计算。对于一幅宽为 w、高为 h 像素点的图像，由于像素点的离散性，当用 δ 网格覆盖图像时，网格最小为 1 个像素点，最大为 w 或 h，这使得很难满足 $\delta \to 0$ 的条件，因此 δ 序列的选择会影响到最终分形维数的计算。因此，只有提高样本数目，即增大图像的大小，才能尽可能满足 $\delta \to 0$ 的条件。

4.2　结冰微观结构演化的相场模型及预测方法

飞机结冰过程是一种典型的非平衡凝固过程，因而形成的冰结构也具有典型的非平衡凝固组织结构特征。受结冰过程诸多复杂参数的影响，不同结冰条件下形成的冰形不但在宏观形貌上有着显著的差异，而且其冰相的微观结构也有着明显不同的特征。因此，探索结冰条件与结冰微观结构特征之间的联系对研究结冰的宏观形貌及其对飞行安全的影响有着重要意义。飞机结冰的微观结构形态是一种典型的凝固组织。目前人们对结冰微观结构的认识，以及对冰晶成核和生长过程的研究还在很大程度上依赖于实验，从微观上构建冰晶生长特征的数理模型及预测方法还相对缺乏。由于对结冰微观结构特征认识得不足，目前人们对结冰形貌的表征还主要停留在定性阶段，对冰形的定量表征还较为缺乏，从而在很大程度上制约了对结冰物理特性及其对飞行安全影响的精细化预测。

相场法以金兹堡-朗道(Ginzburg-Landau)相变理论为基础，通过微分方程描述热力学、扩散和驱动力有序化势的系统作用，引入相场变量作为序参量来表征过冷液体中的固相和液相，从而避免了跟踪复杂固-液界面带来的困难，对描述非平衡状态中的复杂相界面演变过程具有独特优势，从而为微观结构演化问题的模拟提供了一种有效手段，目前已广泛应用于金属凝固、聚合物结晶等晶体生长演化特性等研究领域。实际结冰过程中晶体的生长过程是多晶协同生长的复杂过程，因此，开展多晶粒生长特性模拟对冰形微观结构的研究具有重要意义。这里基于Ginzburg-Landau 相变理论及单晶枝晶生长相场模型，发展了一种适用于多晶生长的相场模拟方法，并研究了结冰条件对凝固组织的影响特征。相关研究对建立结冰条件与结冰形貌及微观结构特征之间的关系，从而发展结冰的精细化预测方法有较好参考意义。

4.2.1 冰形单晶生长特性预测

1. 数理模型的建立

根据 Ginzburg-Landau 相变理论，用有序参量来表示物质在不同时刻、不同位置相的状态。在液相区相场变量 $\varphi = 0$，在固相区 $\varphi = 1$，在两相区，φ 介于 0 和 1 之间，这样固-液界面就是具有一定厚度的扩散区域。利用自由能减小原理并与热扩散方程耦合，各向同性条件下无量纲相场控制方程可描述为

$$\frac{\varepsilon^2}{m}\frac{\partial \varphi}{\partial t} = \varphi(1-\varphi)\left[\varphi - \frac{1}{2} + 30\varepsilon\alpha S\theta(1-\varphi)\right] + \varepsilon^2\nabla^2\varphi \tag{4.16}$$

温度场控制方程可表示为

$$\frac{\partial u}{\partial t} + \frac{1}{S}P'^{(\varphi)}\frac{\partial \varphi}{\partial t} = \nabla^2 u \tag{4.17}$$

式(4.16)、式(4.17)中，无量纲过冷度：$S = \dfrac{c\Delta T}{L}$；无量纲温度：$u = \dfrac{T - T_M}{T_M - T_0}$；界面动力学系数：$m = \dfrac{\mu\delta T_M}{kL}$，$k$ 为热扩散率；ε 为与界面厚度密切相关的参数，$\varepsilon = \dfrac{\sigma}{\omega}$，$\sigma$ 为界面能，ω 为参考长度；α 为与表面能相关的参数，$\alpha = \dfrac{\sqrt{2}\omega}{12d_0}$；$P^{(\varphi)}$ 为势函数，有

$$P^{(\varphi)} = \varphi^3(10 - 15\varphi + 6\varphi^2) \tag{4.18}$$

$$P'^{(\varphi)} = 30\varphi^2(1-\varphi)^2 \tag{4.19}$$

为提高计算效率，相场及温度场控制方程均采用显示差分方法进行离散。为获得稳定解，时间步长的选择满足：

$$\Delta t \leqslant \min\left(\frac{\Delta x^2}{4m}, \frac{\Delta x^2}{4}\right) \tag{4.20}$$

初始条件：

$$x^2 + y^2 \leqslant r^2, \quad \phi = 0, \quad u = 0 \tag{4.21}$$

$$x^2 + y^2 > r^2, \quad \phi = 1, \quad u = -S \tag{4.22}$$

边界条件：在不考虑对流和辐射的条件下，温度场和相场均采用诺伊曼(Neumann)边界，初始形核半径取 $r = 10\Delta x$。

$$\frac{\partial \varphi}{\partial n} = 0, \quad \frac{\partial u}{\partial n} = 0 \tag{4.23}$$

已有的研究表明，单个晶体结构近似呈六边形形状，这是由于在冰的形成过程中，水分子的缔合是通过氢键按六方晶系的规则排列起来的，因此计算中各向异性模数 k 值选 6。

2. 相场方法的有效性验证

基于上述模型编制了数值计算程序，并开展了无量纲过冷度为 0.6 条件下晶体生长特性的计算分析，相关计算参数如表 4.3 所示。

表 4.3　计算参数表

参数符号	参数名称	参数值
L	水的液-固相变潜热	333.5J/cm³
k	热扩散率	1.31×10^{-3}cm²/s
σ	界面能	7.654×10^{-6}J/cm²
T_M	水的融点	273.15K
m	界面动力学系数	0.035
γ	各向异性系数	0.025

图 4.24 显示了不考虑热噪声条件下单个晶体生长过程的晶态形貌演化特性，图 4.25 为低温保护剂溶液结晶过程中单晶生长晶态形貌的演化特性实验结果。从计算结果可以看出，在结晶初始阶段，冰晶呈圆形扩张，当生长到一定阶段时，冰晶形态呈六边形；随着结晶时间的延长，冰晶逐步长大，其六个生长方向逐渐突出呈树枝状。计算结果与实验获得的冰晶组织特征具有较高的相似度，即冰晶形貌从圆形扩展、六边形扩展演化为分叉凸起生长，晶体生长过程均经历了平面晶、胞状晶、枝状晶、等轴晶等几个典型阶段，表明采用相场方法模拟冰晶生长行为的可行性。

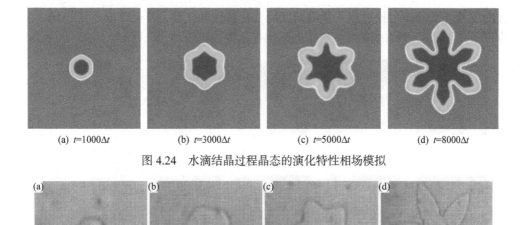

| (a) $t=1000\Delta t$ | (b) $t=3000\Delta t$ | (c) $t=5000\Delta t$ | (d) $t=8000\Delta t$ |

图 4.24 水滴结晶过程晶态的演化特性相场模拟

图 4.25 单晶生长过程晶态形貌的实验变化过程[23]

3. 结冰过程晶态形貌的演化特性预测

为了研究结冰条件对晶体生长特性及结冰微观结构形貌的影响规律，进一步分析无量纲过冷度为 0.4、0.5、0.6 三种条件下的晶体生长特性。图 4.26 显示了不

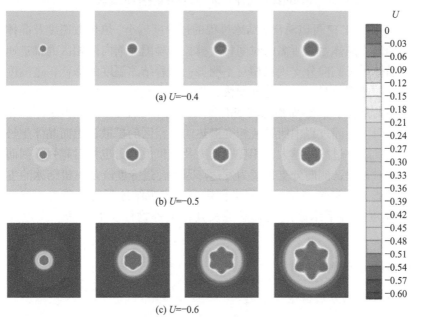

(a) $U=-0.4$

(b) $U=-0.5$

(c) $U=-0.6$

图 4.26 不同过冷度条件下晶体生长过程温度场变化特性比较

同过冷度条件下晶体生长过程无量纲温度场变化特性的比较, 图 4.27 显示了不同过冷度条件下结晶过程的液相率及晶态形貌变化特性比较。

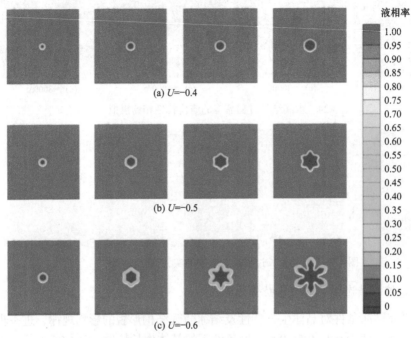

图 4.27　不同过冷度条件下晶态形貌变化特性的比较

从图 4.26 和图 4.27 可以看出, 结冰过程的过冷度越小, 热扩散速度及晶体生长速度相对越慢, 晶体生长所需的时间相对越长, 凝固界面向液相区的推进速度也较慢, 且晶体形态侧向分支现象相对不明显; 随着结冰温度的降低, 过冷度相应增加, 热扩散速度及晶体生长速度加快, 界面推进速度也相应提高。这是由于在过冷度较小的条件下, 液-固相态转变的驱动力也相对较小, 冰晶被更厚的热扩散层包围, 阻碍了凝固过程中所释放相变潜热向液相区的扩散, 因而晶体生长速度相对较慢; 反之, 过冷度越大, 相变驱动力及热扩散能力也相对越强, 因而晶体生长速度相对较快, 侧向分支也较为发达。因此, 过冷度既是飞机结冰的主要驱动力, 也是影响冰形微观结构特征进而影响其宏观结冰形貌的重要因素, 这也正是不同温度条件下结冰的宏观形貌及其密度等物性参数有着较大差异的本质原因。

4.2.2　冰形多晶生长特性预测

1. 多晶生长预测方法构建

由于实际飞机结冰过程是多晶粒竞争生长的复杂过程, 因而在单晶生长特性

的研究基础上，开展多晶生长特性的预测研究有着更强的工程应用背景。对于多晶生长过程，如考虑各向异性特征，则有

$$\varepsilon(\theta_i) = \varepsilon_0(1 + \gamma\cos(k\theta_i)) \tag{4.24}$$

k 表示对称性次数；γ 为各相异性强度系数；θ_i 为界面与某个晶粒的优先生长方向夹角：

$$\theta_i = f(\eta_i) + \arctan\frac{\varphi_y}{\varphi_x} \tag{4.25}$$

式中，下标 i 表示某个晶粒；φ_x、φ_y 分别表示相场在 x 方向和 y 方向的偏导数。

$$f(\eta_i) = \gamma_i \pi / 2 \quad (i=1, 2, \cdots, n) \tag{4.26}$$

n 代表晶粒个数，γ_i 是 0 到 1 之间的随机数。

当一个区域内存在多个晶核时，晶核通常具有随机分布特征，根据连续形核理论[13]，面形核密度可表示形核过冷度的函数：

$$N_s = N_0 \exp\left(-\frac{a}{\Delta T}\right) \tag{4.27}$$

N_0 和 a 是通过实验统计获得的形核常数；ΔT 为形核过冷度。

由于飞机结冰过程是过冷水滴撞击飞机表面，因震动触发而导致异相形核的特殊结冰过程，因而其形核过程具有其自身的特殊性。为获得飞机结冰过程的形核特征，基于结冰风洞试验与显微成像技术相结合的方法获得了不同来流过冷度条件下的冰形微观结构形貌，并在此基础上获得其形核特性与结冰过冷度之间的规律特征。

图 4.28 为来流速度为 25m/s，液态水含量为 0.55g/m^3，不同来流温度条件下通过结冰风洞试验获取的结冰微观结构形貌。

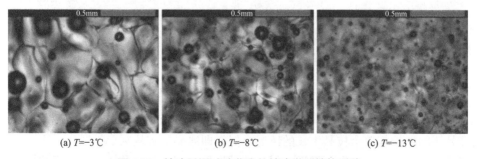

　　　　(a) T=-3℃　　　　　　　(b) T=-8℃　　　　　　　(c) T=-13℃

图 4.28　结冰风洞试验获取的结冰微观结构形貌

根据结冰风洞试验所获取的微观结构形貌图像，可以获得不同结冰条件下

的形核密度。图 4.29 为基于结冰微观结构特征所获得的形核密度与过冷度之间的关系图。

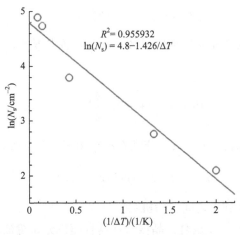

$$R^2 = 0.955932$$
$$\ln(N_s) = 4.8 - 1.426/\Delta T$$

图 4.29   形核密度与过冷度的关系

2. 多晶生长特性预测

在结冰风洞试验获得形核密度的基础上，采用所发展的相场方法，开展了结冰过程多晶体竞争生长条件下晶体演化特性的数值预测研究。针对形核位置的随机性特点，在获取形核速率的基础上，采用随机数函数产生形核位置，开展了多晶竞争生长特性的预测研究。图 4.30 显示了过冷度为 2.35K，来流速度为 25m/s，液态水含量为 1.5g/m³ 条件下基于相场方法所获得的冰形微观结构形貌随结冰过程的演化特性。

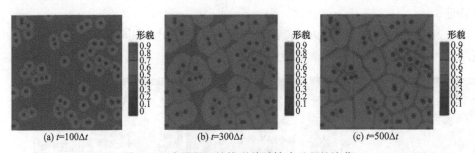

(a) $t=100\Delta t$ (b) $t=300\Delta t$ (c) $t=500\Delta t$

图 4.30   冰形微观结构形貌随结冰过程的演化

从图 4.30 可以看出，在枝晶生长初期，由于枝晶之间的相互影响相对较弱，因而多晶体的生长与单个枝晶生长的情况类似，即冰晶形貌从圆形扩展向六边形扩展演化，符合经典晶体生长理论；但在枝晶生长后期，随着晶体生长过程的推进，晶核之间由相互独立生长逐渐演化为竞争生长，各晶核间的相互作用与排斥效应也逐渐加强，晶体间区域逐步呈现排斥生长趋势。由于晶体生长后期枝晶间相互影响的加强，部分枝晶尖端受到抑制而发生变形甚至停止生长，因而不再符合 Ivantsov 理论中的抛物线生长规律。

图 4.31 为计算与实验晶体微观结构形貌的比较，图 4.31(a)为相场计算获得的晶体形貌与晶界特征，图 4.31(b)为相同结冰条件下实验获得的典型实验晶界特征。可以看出，在多晶竞争生长条件下，计算获得的晶体形貌与实验晶体形貌在定性特征上有着较好的一致性，表明所建方法可有效预测多晶竞争生长条件下冰相的微观结构演化特征。

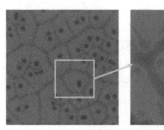 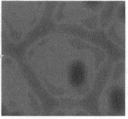 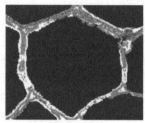

(a) 计算晶体形貌和晶界特征   (b) 实验晶界特征

图 4.31　计算与实验晶体微观结构形貌的比较

参 考 文 献

[1] Hobbs P V. Ice Physics. Oxford: Clarendon Press, 1974.

[2] Kind R J, Potapczuk M G, Feo A, et al. Experimental and computational simulation of in-flight icing phenomena. Progress in Aerospace Sciences, 1998, 34: 257-345.

[3] Hagiwara T, Wang H L, Suzuki T, et al. Fractal analysis of ice crystals in frozen food. Journal of Agricultural and Food Chemistry, 2002, 50(11): 3085-3089.

[4] Koshiro Y, Hagiwara T, Suzuki K. Factors affecting on the changes of ice crystals form in frozen food. 2005 JSRAE Annual Conference, 2005.

[5] Deems J S, Fassnacht S R, Elder K J. Interannual consistency in fractal snow depth patterns at two Colorado Mountain sites. Journal of Hydrometeorology, 2008, 9(5): 977-988.

[6] 金毅, 权伟哲, 秦建辉, 等. 孔隙-孔喉分形多孔介质复杂类型组构模式表征. 煤炭学报, 2020, 45(5): 1845-1854.

[7] 张杰, 张赛, 高伟业, 等. 多孔介质热弥散系数的分形模型. 应用数学和力学, 2022, 43(5): 553-560.

[8] 褚武扬, 宿彦京, 高克玮, 等. 材料科学中的分形. 北京: 化学工业出版社, 2004.

[9] Yao S C, Pitchumani R. Fractal based correlation for the evaluation of thermal conductivities of fibrous composites. Transport Phenomena in Materials Proceeding, 1990, 146: 55-60.

[10] Pitchumani R, Yao S C. Correlation of thermal conductivities of unidirectional fibrous composites using local fractal techniques. Journal of Heat Transfer, 1991, 113: 788-796.

[11] Adrian S, Sabau Y X, Liu T G, et al. Effective thermal conductivity for anisotropic granular

porous media using fractal concepts. National Heat Transfer Conference, 1997, 11: 121-128.

[12] 彭瑞东, 谢和平, 鞠杨. 二维数字图像分形维数的计算方法. 中国矿业大学学报, 2004, 33(1): 19-24.

[13] 李鑫. 数字图像处理技术在获取表面分形维数中的应用. 河北科技师范学院学报, 2021, 35(4): 53-58.

[14] 熊兆贤. 陶瓷材料的分形研究. 北京: 科学出版社, 2000.

[15] Libbrecht K G. The physics of snow crystals. Reports on Progress in Physics, 2005, 68: 855-895.

[16] 张青, 李萍, 薛克敏. 热变形 Ti-15-3 合金再结晶晶粒的分形分析. 中国有色金属学报, 2007, 17(7): 1149-1154.

[17] 彭少方, 张昭. 线性和非线性非平衡态热力学进展和应用. 北京: 化学工业出版社, 2006.

[18] 农历, 冼军, 胡站伟, 等. 基于分形理论的翼面复杂冰形表面粗糙度分析. 南京航空航天大学学报(英文版), 2023, 40(2): 169-178.

[19] 殷大桢. 基于分形理论的图像识别空气源热泵除霜控制方法研究. 天津: 天津大学, 2018.

[20] Myers T G, Charpin J P F. A mathematical model for atmospheric ice accretion and water flow on a cold surface. International Journal of Heat and Mass Transfer, 2004, 47: 5483-5500.

[21] Asta M, Beckermann C, Karma A, et al. Solidification microstructures and solid-state parallels: Recent developments, future directions. Acta Materialia, 2009, 57: 941-971.

[22] Blake J, Thompson D, Raps D, et al. Simulating the freezing of supercooled water droplets impacting a cooled substrate. AIAA Journal, 2015, 53(7): 1725-1739.

[23] 杜雁霞, 桂业伟, 柯鹏, 等. 飞机结冰冰型微结构特征的分形研究. 航空动力学报, 2011, 26(5): 997-1002.

[24] Furrer D U. Application of phase-field modeling to industrial materials and manufacturing processes. Current Opinion in Solid State & Materials Science, 2011, 15(3SI): 134-140.

[25] Liu J F, Liu R X, Chen L L. Numerical simulation of solidification microstructure and effects of phase-field parameters on grain growth morphologies. Journal of Materials Science & Technology, 2005, 21(6): 921-924.

[26] 李方方, 刘静, 乐恺. 细胞尺度冰晶生长行为的相场数值模拟. 低温物理学报, 2008, 30(2): 171-175.

[27] 杨弘, 张清光, 陈民. 热扰动对过冷熔体中二次枝晶生长影响的相场法模拟. 物理学报, 2005, 54(8): 3740-3744.

[28] 卓艳云, 陈梅英, 陈锦权, 等. 各向异性系数对等温结晶冰晶生长相场法模拟的影响. 低温物理学报, 2014, 36(3): 232-237.

[29] 赵代平, 荆涛, 柳百成. 相场模型参数对枝晶形貌的影响. 金属学报, 2003, 39(8): 813-816.

[30] Wang S L, Sekerka R F, Wheeler A A, et al. Thermodynamically-consistent phase-field models for solidification. Physica D: Nonlinear Phenomena, 1993, 69(1/2): 189-200.

[31] Moore E B, de la Llave E, Welke K, et al. Freezing, melting and structure of ice in a hydrophilic nanopore. Physical Chemistry Chemical Physics, 2010, 12(16): 4124-4134.

[32] 何立群, 张永锋, 罗大为, 等. 生命材料低温保护剂溶液二维降温结晶过程中的分形特征.

自然科学进展, 2002, 12(11): 1167-1171.

[33] 陈瑞, 许庆彦, 吴勤芳, 等. Al-7Si-Mg 合金凝固过程形核模型建立及枝晶生长过程数值模拟. 金属学报, 2015, 51(6): 733-744.

[34] Du Y, Xiao G, Liu L, et al. Study of solidification and microstructure characteristics for aircraft icing. International Journal of Thermophysics, 2020, 41: 24.

第 5 章　飞机结冰微观特性的定量表征

李伟斌　　杜雁霞

　　飞机结冰微观特性是其属性的重要方面之一，微观结构直接决定包括结冰类型、黏附力、强度、密度等在内的宏观特性。开展微观特性的定量表征研究，可以准确认识结冰内部晶体、孔隙等组织的结构特点，同时有力掌握结冰微观结构随结冰条件的变化规律，为宏观特性的研究提供新思路和手段，达到支撑防/除冰优化设计的最终目的。

　　目前国内外关于微观结构的定量分析尚不够系统完整，本章以不同结冰条件下的结冰显微图像为对象，系统介绍结冰微观特性的分析方法，主要包括微观结构特点、微观结构提取方法、微观结构分布特性、微观结构数学建模等内容。通过本章介绍，以期为飞机结冰微观结构的数学模型和特性的认识提供可靠的途径，为结冰微观特性与宏观特性间的关联关系建立必要桥梁。

5.1　飞机结冰微观图像获取方法

5.1.1　结冰试验

　　结冰风洞试验是研究飞机结冰问题的重要手段，本书中的结冰试验均是在中国空气动力研究与发展中心的结冰风洞中进行的，本节中的结冰风洞试验段尺寸为 0.3m×0.2m×0.65m(宽×高×长)，如图 5.1 所示。试验所用结冰模型为超临界翼型剖面的缩比模型，弦长 100mm，展长 200mm，材料为 7075 铝合金，导热系数为 130W/(m·K)，如图 5.2 所示。

5.1.2　结冰微观图像采集

　　结冰显微图像由电子显微镜连接电脑采集得到，显微镜型号为 Olympus CX31，如图 5.3 所示。由于基底表面和结冰表面的不同，动态结冰基底部分和其余部分具有明显不同，书中主要讨论动态结冰过程的微观孔隙结构。为排除基底对结冰的影响，试验结冰选取远离基底的部分，即选自结冰稳定生长段，如图 5.4

中红线框所示，这一阶段的结冰微观特征不受试验件物面的性质影响，生长速度近似于线性。结冰切片是在低温环境下从翼型结冰中切割而成，且表面处理光滑平整，本章中分析所使用的结冰显微图像均是在 40 倍放大率下采集得到的。

图 5.1 气动中心 0.3m×0.2m 的结冰风洞

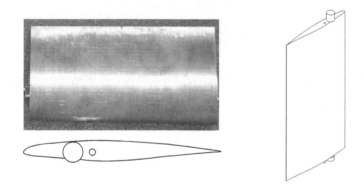

图 5.2 试验模型

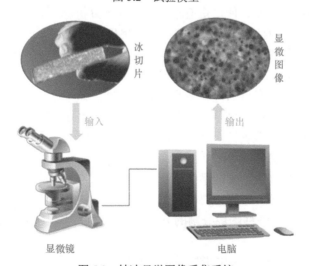

图 5.3 结冰显微图像采集系统

图 5.4　结冰稳定生长段

5.2　飞机结冰微观结构提取方法

　　结冰微观结构的不同会直接影响结冰的热/力学特性，开展结冰微观孔隙结构的提取是定量认识其变化规律的基础。图像分割作为图像识别和图像理解的底层环节，一直是图像处理及计算机视觉领域内的研究热点，是结冰微观图像信息提取的重要手段。

5.2.1　图像分割方法

　　图像分割就是将一幅数字图像分成多个有意义的区域(像素集)的过程，分割的目标是将图像简化或改变，使之更有意义，更便于分析[1]。图像分割通常是用来确定物体位置和边界(直线、曲线等)的过程。更确切地说，图像分割为每个像素指定一个标签，使得具有相同标签的集合具有某些视觉的共性。图像分割的结果是一组图像碎片，它们共同覆盖整个图像域，或者是一组曲线，标识不同区域的边界。每个区域内的像素点对应着某些特征或属性，如颜色、亮度、纹理等。按照这种属性划分，相邻两块区域是显著不同的[2]。图像分割在图像技术中起着桥梁的作用，分割结果的准确性对后续的研究是十分重要的，因此，图像分割的研究具有较强的理论价值和重要的实际意义。

　　从人类视觉这个最高级的智能系统来看，图像分割是简单的，但是对于计算机系统，情况就复杂得多。原因主要有以下几点：

　　(1) 图像种类繁多，每种图像分割的方法都是针对特定类图像而提出的，不可能有普适的方法；

　　(2) 每种方法都会受到图像中诸如噪声、光强等因素的影响，难免会产生与预期差别较大的结果；

(3) 对于给定的图像，没有选择适用分割方法的标准。

图像分割经过几十年的发展，涌现了一大批分割方法，且每年仍有大量该领域的文章发表。图像分割方法的分类办法很多，没有明确的标准，根据不同的特点，它们可以分成很多类。按照使用的数学工具作为分类标准，它们主要可以分为：基于小波的方法、基于统计的方法、基于偏微分方程的方法和基于变分模型的方法。数学的各分支是相通的，因此这种分类办法也不是绝对严格的，本质上它们都是相互联系的。

5.2.2 变分图像分割方法

基于变分模型分割方法的主要思想是根据一定的分割问题，提出相应的能量泛函，这个能量泛函越小，它的解越接近理想的结果。应用优化技术对其最小化，便可达到图像分割的目的。同传统的图像分割方法相比较，变分模型有着显著的特点。首先，变分法是偏微分方程中的重要方法，经过多年的研究，已经形成了完整的理论体系。同时，在数值计算方面，也有比较成熟的手段方法，这些都是其能够占据图像分割重要地位的原因。其次，传统的分割方法缺少必要的理论分析，使得方法具有不确定性，而借助变分法，就可以利用泛函中的相关理论，对模型进行分析，讨论解的存在性、唯一性、收敛性等性质。最后，应用变分模型求解分割问题时，可以根据不同的出发点，合理清晰地提出能量泛函。而且不同的图像处理问题的模型可以相互借鉴，共同发展。变分模型已经成为当下流行的图像分割方法之一，对其进行系统的研究有助于更深入理解图像分割，也有利于其他方法的发展进步。

随着时代的发展和图像分割研究的深入，如何快速准确求解图像分割的变分模型，也成为图像分割研究领域的重要方向。比如，实时目标探测、大数据图像分割。因此，快速算法在图像分割中的应用研究是必不可少的，对推动图像分割及相关方向是至关重要的。

图像分割方法大体上可以分为空间离散和空间连续的模型，变分模型的能量泛函都是在连续空间上建立的，关于解的分析也都是在连续空间上实施的。本节主要介绍几种经典的变分分割模型。

1988 年，Kass 等提出了 Snake 模型[3]，该模型首次采用变分法，其基本思想是将图像分割问题转化为曲线 $C(s)$ 演化问题，即将曲线参数化至闭区间[0，1]上，它的最小化问题是

$$\min_C \left\{ \int_0^1 -\nabla u(C(s))^2 \, \mathrm{d}s + \int_0^1 \left(v_1 |C_s|^2 + v_2 |C_{ss}|^2 \right) \mathrm{d}s \right\} \tag{5.1}$$

其中，第一项称为外部约束力，可以使得曲线 C 到达图像 u 灰度变化剧烈的地方，

即用于吸引活动轮廓曲线至图像目标的边缘；第二项称为内部约束力，控制曲线的长度和曲率，保证曲线的光滑性。Snake 模型主要是对参数化的活动曲线进行更新计算，这使得当初始曲线离物体边缘较远时，有可能会使演化曲线陷入局部极小的结果。针对这一缺陷，Cohen[4]在 Snake 模型中引入球形力(balloon force)，将式(5.1)中的第一项外部约束力改进为

$$E_{\text{ext}} = \int_0^1 \left(k_1 N(C) - \frac{k_2 \nabla P}{\|\nabla P\|} \right) \text{d}s \tag{5.2}$$

其中，$P = -\nabla u(C(s))^2$，$N(C)$ 是曲线的外法向量，如果参数 k_1 符号为正，会使得演化曲线向外扩张，反之会使曲线向内收缩，从而达到曲线更快更稳收敛至目标边缘的目的。改进的 Snake 模型需要人为决定球形力的方向，也不能自然处理曲线拓扑形变。随后，Cohen 等又提出了另一种模型[5]，在该模型中，主要能量项是

$$P(s) = \int_0^1 g(d(s)) \text{d}s \tag{5.3}$$

其中，d 表示某点到最近边缘的距离；g 是单调递减函数。该模型使得参数化轮廓模型适用范围更广。

　　Snake 模型最大的缺点就是不光依赖曲线位置，还要依赖参数 s。为了克服这一点，Caselles 和 Malladi 等利用曲线的几何量与水平集方法[6]，提出了几何活动轮廓模型。其中应用最多的是 Caselles 等于 1997 年提出的 GAC(geodesicactive contours)模型[7]，它的最小化问题可以描述为

$$\min_C \left\{ \int_0^1 g(\nabla u(C(s))) |C_s| \text{d}s \right\} \tag{5.4}$$

其中，函数 g 和式(5.3)定义一样，是严格单调递减的，称为边缘吸引因子。Snake 模型和 GAC 模型都是基于边缘的模型，在它们基础之上出现了一系列活动轮廓模型。

　　基于边缘的模型要求物体的边缘是完整的，可检测的，这使得这类模型对噪声比较敏感，易发生边界泄漏的现象，对初始曲线位置要求相对严格，另外，对于具有模糊边界的图像，这类分割方法略显吃力。1989 年，Mumford 和 Shah 试图将图像近似刻画为分段光滑的函数，提出了基于区域的 MS 分割模型[8]，它的能量泛函为

$$E^{\text{MS}} = \frac{\mu}{2} \int_\Omega (u - f)^2 \text{d}x + \int_{\Omega \backslash C} |\nabla f|^2 \text{d}x + v|C| \tag{5.5}$$

其中，μ、v 均为正常数；Ω 是图像定义域；$|C|$ 表示曲线的长度；f 是分段光

滑函数，用来逼近原图像 u。后来 Zhu 等提出的基于概率的模型[9]，也可以看作是 MS 模型的一个等价变换。

MS 模型计算量较大，不易求解，Chan 和 Vese 在其基础之上，借鉴文献[10]的思想，考虑区域之间灰度值的差异，提出了简化的 MS 模型[11]，记作 CV 模型。该模型建立在图像是两相的假设之上，即假设演化曲线内部或外部具有同一个灰度值，它的能量泛函是

$$E^{\text{CV}} = \lambda_1 \int_{\Omega_1} (u - c_1)^2 \mathrm{d}x + \lambda_2 \int_{\Omega_2} (u - c_2)^2 \mathrm{d}x + v|C| \tag{5.6}$$

其中，λ_1、λ_2、v 为正常数；Ω_1 和 Ω_2 分别表示曲线内部和外部区域；c_1 和 c_2 分别对应区域 Ω_1、Ω_2 内的灰度平均值。借助水平集方法，CV 模型的能量泛函可以改写为

$$E^{\text{CV}} = \lambda_1 \int_{\Omega} (u - c_1)^2 H(\phi) \mathrm{d}x + \lambda_2 \int_{\Omega} (u - c_2)^2 (1 - H(\phi)) \mathrm{d}x + v \int_{\Omega} |\nabla H(\phi)| \mathrm{d}x \tag{5.7}$$

其中，ϕ 为利普希茨连续的实值函数，曲线 C 由函数 ϕ 的 0-水平集给出，这样 ϕ 的 0-水平集函数就将区域 Ω 分为内、外两个区域(曲线内部 ϕ 值为正，反之为负)。$H(\cdot)$ 是一维赫维赛德(Heaviside)函数[12]，在负半轴取值为 0，其余取值为 1，可以看作是内部区域的特征函数。

CV 模型的出现标志着基于变分模型的分割方法发展成熟，也带来了新的亟须解决的问题。为了能更快得到结果，在初始曲线选取上，文献[13]提出了相关的处理算法；在应用水平集方法进行模型求解时，需要对水平集函数进行重新初始化，文献[14]中加入了距离函数惩罚项，用来约束水平集函数演化为近似的符号距离函数；文献[15]通过用 $|\nabla \phi|$ 代替狄拉克函数 $\delta\phi$，以此提高水平集函数的演化速度。

CV 模型是二相分割的模型，对于含有多个不同性质区域的图像，不能得到完整的分割结果。基于此，Vese 和 Chan 将 CV 模型推广到了多水平集函数上[16]。一个水平集函数可以生成 2 个区域，该模型采用 m 个水平集函数，在理论上最多可以产生 $2m$ 个区域，以此达到多相分割的目的，它的能量泛函为

$$E_m^{\text{CV}} = \sum_{1 \leqslant I \leqslant 2m} \int_{\Omega} (u - c_I)^2 \chi_I \mathrm{d}x + \frac{v}{2} \sum_{1 \leqslant I \leqslant 2m} \int_{\Omega} |\nabla \chi_I| \mathrm{d}x \tag{5.8}$$

其中，χ_I 是第 I 个区域的特征函数，c_I 是这个区域内的灰度平均值。随着水平集函数的增多，求解该模型的计算量也相应增加，且实验中很难得到理论上的 $2m$ 个区域，另外，模型中水平集函数的个数不好确定。2009 年，Chung 和 Vese[17] 提出了多水平集的方法，旨在用一个水平集函数的多个水平集来表征不同区域的边界。对于给定的 m 个正数 $l_1, l_2, \cdots, l_m$，以 $\{x \mid \phi(x) = l_i\}$ 这 m 条曲线划定 $m+1$ 个区

域：$R_0 = \{x \mid -\infty < \phi < l_i\}$，$R_i = \{x \mid l_i < \phi < l_{i+1}\}$，$1 \leqslant i \leqslant (m-1)$，$R_m = \{x \mid l_m < \phi < +\infty\}$，则基于 m 个水平集的能量泛函为

$$E_m^{\mathrm{ML}} = \sum_{0 \leqslant I \leqslant m} \int_{R_I} (u - c_I)^2 \mathrm{d}x + \mu \sum_{0 \leqslant I \leqslant m} \left| \partial R_I \right| \tag{5.9}$$

从该模型的构造特点来看，水平集函数在演化过程中需要保持为符号距离函数，否则水平集之间可能会产生融合现象，比如当水平集函数变化剧烈时，l_i-水平集与 l_{i+1}-水平集表示的曲线合二为一，最终退化为 CV 模型。Tai 等[18,19]从另外一个角度入手，提出了一种拟水平集方法，即将水平集函数约束为分段常数的跳跃函数，在该方法中，他们选用 $\Omega_i = \{x \mid \phi(x) = i\}$ 来表征不同的区域，能量泛函为

$$E_n^{\mathrm{PC}} = \frac{1}{2} \int_{\Omega} (u - g)^2 \mathrm{d}x + \beta \sum_{i=1}^{n} \int_{\Omega} \left| \nabla \psi_i \right| \mathrm{d}x + \lambda \int_{\Omega} K(\phi) \mathrm{d}x + \frac{r}{2} \int_{\Omega} \left| K(\phi) \right|^2 \mathrm{d}x \tag{5.10}$$

其中，ψ_i 是区域 Ω_i 的特征函数，$K(\phi) = (\phi-1)(\phi-2)\cdots(\phi-n)$ 用于惩罚水平集函数 ϕ，使之演化为分段整数的形式。分段常数的能量泛函构造复杂，最小化过程中计算量大，文献[20]和[21]对该模型做了改进。

　　基于不同理论的变分模型不断被提出，同时对已有模型的研究也从未停止。2006 年，Chan 等[22]将 CV 模型凸化，用于克服能量泛函的非凸性导致产生局部解的缺点，该模型使用标签函数代替原能量泛函(5.7)中的区域特征函数 $H(\phi)$，即

$$\min_{0 \leqslant I \leqslant 1} \left\{ E^{\mathrm{CCV}} = \lambda_1 \int_{\Omega} (u - c_1)^2 I \mathrm{d}x + \lambda_2 \int_{\Omega} (u - c_2)^2 (1 - I) \mathrm{d}x + \nu \int_{\Omega} \left| \nabla I \right| \mathrm{d}x \right\} \tag{5.11}$$

凸化方法凭借其可以更快更稳定地得到全局最小解的优点，被广泛应用于而后的分割模型之中。

　　灰度分布不均匀的图像大量存在于生活之中，而大多数分割模型都是建立在全局灰度信息之上的，因此对此类图像很难达到正确分割的目的。Vese 和 Chan[16] 与 Tsai 等[23]在 CV(MS)模型之上，提出了分段光滑(piecewise smooth，PS)的模型，这里给出两相的能量泛函

$$E^{\mathrm{PS}} = \sum_{i=1,2} \int_{\Omega} \left((u_i - u)^2 + \mu \left| \nabla u_i \right|^2 \right) \chi_i \mathrm{d}x + \nu \left| C \right| \tag{5.12}$$

其中，χ_i 是第 i 块区域的特征函数。该能量泛函求和号中的项是为了得到曲线内外部足够光滑的近似图像，分别对水平集函数和 u_i 求导，便可得到曲线演化的三个迭代方程。该模型仍然可以采用凸化的方法，以期加快曲线的演化速度且得到全局最小解。但是近似函数 u_i 在全区域上的扩散始终牵制着模型的分割速度。基于局部的思想，Li 等提出了一种新的分割模型[24](region-scalable fitting, RSF)，该模型主要通过最小化以下的局部二进拟合能量泛函达到分割的目的：

$$E^{\mathrm{LBF}} = \sum_{i=1,2} \lambda_i \iint K(x-y)\left|u(y) - f_i(x)\right|^2 \chi_i \mathrm{d}y\mathrm{d}x \tag{5.13}$$

其中，K 是二维高斯核函数，$f_i(i=1,2)$ 是原图像 u 的局部近似。该模型可以通过卷积运算提高计算效率，然而非凸的构造导致了它容易陷入局部最小的境地。该模型的思想被广泛应用于其他模型构造之中。

5.2.3 高效求解算法

有效求解变分模型是图像分割中的另一重要方面，近年来已经发展出了多种算法，计算效率和稳定性在不断提高。本节主要介绍图像分割中的几个具有代表性的算法。

变分模型应用于图像分割的初期，主要使用梯度下降方法进行最小化求解。思路是求能量泛函的一阶变分，应用极值条件得到其欧拉-拉格朗日方程，再结合梯度下降方法，给出求解的时间发展方程，以式(5.7)为例，它对应的水平集演化方程为

$$\frac{\partial \phi}{\partial t} = \delta(\phi)\left[-\lambda_1(u-c_1)^2 + \lambda_2(u-c_2)^2 + v \cdot \nabla\left(\frac{\nabla\phi}{|\nabla\phi|}\right) \right] \tag{5.14}$$

该算法没有使用过多的优化技巧，求解简单，但时间步长会因格式的选择而有一定的要求。

Chambolle 等提出了梯度投影(gradient projection)方法[25]，它主要是引入一个新的变量来逼近原变量。在文献[26]中，作者给出了详尽的描述和证明。梯度投影算法是一阶收敛的。

自从凸化方法产生以后，各种优化方法层出不穷，应用最广的当属近年来出现的分裂 Bregman 方法[27]。该方法通过引入两个变量，用来避开全变分项(长度项)的直接计算，从而达到快速演化的目的。分裂 Bregman 方法被大量应用于图像分割之中。研究发现，分裂 Bregman 方法等价于增广拉格朗日方法。

Micchelli 等[28]提出了基于不动点算法的去噪模型，证明了算法的收敛性，该算法主要的工作集中在 TV 范数上，因此可以应用至图像分割之中。

图像处理中的算法推陈更新的速度很快，还有一些加速算法都可以有效处理图像分割问题，这里就不再介绍了。

5.2.4 背景去除的分割模型

书中为了获取结冰图像的孔隙信息，简要介绍一种适用的变分分割方法[29]。具体是对结冰显微图像进行图像处理，获取孔隙的边缘曲线。变分分割方法的做法是：①提出分割思想，并将其数学化，最终得到相应的最小化问题；②结合变

分方法和水平集方法，应用优化方法，对所提最小化问题进行求解。变分分割方法的求解初值为一条曲线，求解过程的中间量对应着演化曲线，求解所得到的解便与最终的分割曲线对应。

定义 5.1　u_0：$\Omega \to R$ 为灰度图像，其中 Ω 是矩形区域，表示的是图像定义域。

方法的出发点是分割出图像中孔隙以外的背景部分，便可以得到需要的目标区域，即通过演化迭代得到一个足够大的外部区域，并且该区域内的灰度值是同一的，它可以数学化表示为如下带约束的优化问题：

$$\begin{aligned} \min \quad & -S(\Omega) \\ \text{s.t.} \quad & \int_{\Omega} |u_0(x) - c|^2 \, \mathrm{d}x = 0 \end{aligned} \tag{5.15}$$

其中，x 为图像像素点坐标，也可视为 (x, y)；$\Omega = \text{outside}(C)$ 是曲线的外部区域；$S(\cdot)$ 为面积运算；$c = \int_{\Omega} u_0 \mathrm{d}x \Big/ \int_{\Omega} 1 \mathrm{d}x$ 表示的是外部区域 Ω 的平均灰度值。

式(5.15)限制条件的目的是保证曲线外部灰度的同一性，但是由于结冰图像中背景部分的灰度值很难达到相同，因此采用拉格朗日乘子法[30]对限制条件进行弱化：

$$\min \left\{ -S(\Omega) + \mu \int_{\Omega} |u_0(x) - c|^2 \, \mathrm{d}x + v \cdot l \right\} \tag{5.16}$$

其中，$\mu > 0$ 是拉格朗日乘子；l 是区域 Ω 的边界长度，目的是减小图像噪声带来的影响，即抑制噪声点处产生小曲线。

问题(5.16)不能直接求解，需要将其数学化表示，应用水平集方法[6]，可以将演化曲线视为水平集函数 ϕ 的 0-水平集，将外部区域表达为 $\Omega = \{x \mid \phi(x) < 0\}$，同时应用如下一维 Heaviside 函数：

$$H(d) = \begin{cases} 1, & d \geq 0 \\ 0, & d < 0 \end{cases} \tag{5.17}$$

便可最终得到与式(5.16)对应的最小化问题：

$$\min \left\{ -\int [1 - H(\phi)] \mathrm{d}x + \mu \int (u_0 - c)^2 [1 - H(\phi)] \mathrm{d}x + v \int |\nabla H(\phi)| \mathrm{d}x \right\} \tag{5.18}$$

为得到背景去除模型的全局解，将 ϕ 限制在区间 $[-1, 1]$ 上，并应用 Heaviside 函数的近似：$H_l(p) = (1 + p) / 2$，$p \in [-1, 1]$。则式(5.18)转化为如下带限制条件的凸优化问题：

$$\min_{-1\leqslant\phi\leqslant1} E_2(\phi,c) = \int \frac{\phi-1}{2}\mathrm{d}x - \mu\int (u_0-c)^2\frac{\phi-1}{2}\mathrm{d}x + v\int\left|\nabla\left(\frac{\phi+1}{2}\right)\right|\mathrm{d}x \qquad (5.19)$$

为了构造快速算法，在最小化问题(5.19)的基础上，引入凸的惩罚项，得到最小化问题：

$$\min_{\phi}\left\{\int s\phi\mathrm{d}x + v\|\phi\|_{\mathrm{TV}} + \frac{\|s\|_\infty}{2}\int(\phi^2-1)\mathrm{d}x\right\} \qquad (5.20)$$

其中，$s=1-\mu(u_0-c)^2$，$\|\phi\|_{\mathrm{TV}}=\int\|\nabla\phi\|_2\,\mathrm{d}x$ 是各向同性的 TV 范数。

该惩罚项是凸的，且关于 ϕ 是可导的，这对构造不动点算法是至关重要的。式(5.20)中第二项是长度项，它在分割中起到的是辅助作用，而非主要作用。这里考虑 $v=0$，给出问题(5.19)和问题(5.20)的等价性定理。

定理 5.1 给定以下两个迭代序列：

$$\phi_1^{k+1} = \arg\min_{-1\leqslant\phi_1\leqslant1}\left\{\int_\Omega s(\phi_1^k)\phi\mathrm{d}x\right\} \qquad (5.21)$$

$$\phi_2^{k+1} = \arg\min_{\phi_2}\left\{\int_\Omega s(\phi_2^k)\phi\mathrm{d}x + \frac{\|s(\phi_2^k)\|_\infty}{2}\int_\Omega(\phi^2-1)\mathrm{d}x\right\} \qquad (5.22)$$

其中，$s(\cdot)=1-\mu(u_0-c(\cdot))^2$，$c(\cdot)=\dfrac{\int u_0 H(\cdot)\mathrm{d}x}{\int H(\cdot)\mathrm{d}x}$。对于相同的初始水平集函数 ϕ^0，记这两个序列分别收敛至 ϕ_1^* 和 ϕ_2^*，则由它们的 0-水平集决定的曲线位置相同，且对于任一点 $x\in\Omega$，有 $\phi_2^*(x)\in[-1,1]$。

证明 证明主要分两部分：(1)迭代序列存在极限；(2)定理结论。

(1) 考虑以下两个最小化问题

$$\min_{-1\leqslant\phi\leqslant1}\left\{\int_\Omega s\phi\mathrm{d}x\right\}, \quad \min_{\phi}\left\{\int_\Omega s\phi\mathrm{d}x + \frac{\|s\|_\infty}{2}\int_\Omega(\phi^2-1)\mathrm{d}x\right\}$$

可知它们的能量函数都是凸的。因此，对于任意给定的 s，它们都存在唯一极小能量与其对应。

数字图像的定义域 Ω 可以理解为有限的点，因此 ϕ 的可能取值形式是有限的，由 s 的表达式知，其可能的取值形式是有限的。那么这两个能量泛函可能取值的个数是有限的，故这两个最小化问题的最小解是存在的。而迭代序列式(5.21)和式(5.22)分别对应着这两个最小化问题的求解过程，则两个序列均收敛。

(2) 主要证明关系式 $\phi_2^{k+1} = \dfrac{\left|s(\phi_1^k)\right|}{\left\|s(\phi_1^k)\right\|_\infty}\phi_1^{k+1}$。

考虑序列(5.21)，若 $s(\phi_1^k)$ 给定，那么易知 $\phi_1^{k+1} = -\mathrm{sgn}(s(\phi_1^k))$；同时对于给定的 $s(\phi_2^k)$，由最优条件可知序列(5.22)的解为 $\phi_2^{k+1} = -\dfrac{s(\phi_2^k)}{\left\|s(\phi_2^k)\right\|_\infty}$。

对于相同的水平集函数初始值 ϕ^0，$\phi_1^1 = -\mathrm{sgn}(s(\phi^0))$，$\phi_2^1 = -\dfrac{s(\phi^0)}{\left\|s(\phi^0)\right\|_\infty}$，则 $\mathrm{sgn}(s(\phi_1^1)) = \mathrm{sgn}(s(\phi_2^1))$，而 $s(\phi)$ 的值只与 ϕ 的符号有关，则 $s(\phi_1^1) = s(\phi_2^1)$。由数学归纳法知

$$\phi_2^{k+1} = \frac{\left|s(\phi_1^k)\right|}{\left\|s(\phi_1^k)\right\|_\infty}\phi_1^{k+1},\ \forall\, k\in\mathbb{Z}。$$

那么 $\phi_2^* = \dfrac{\left|s^*\right|}{\left\|s^*\right\|_\infty}\phi_1^*$，其中 $s^* = s(\phi_1^*) = s(\phi_2^*)$。由于 $\mathrm{sgn}(\phi_1^*) = \mathrm{sgn}(\phi_2^*)$，则它们确定的 0-水平集相同。

由于 $\phi_1^{k+1} = -\mathrm{sgn}(s(\phi_1^k))$，$\phi_2^* = \dfrac{\left|s^*\right|}{\left\|s^*\right\|_\infty}\phi_1^*$，因此 $\phi_2^* = -\dfrac{s^*}{\left\|s^*\right\|_\infty}$，故对于任意的 $x\in\Omega$，有 $\phi_2^*(x)\in[-1,1]$。 $\square$

由以上定理可知，惩罚项 $\dfrac{\|s\|_\infty}{2}\displaystyle\int_\Omega(\phi^2-1)\mathrm{d}x$ 的加入确实可以去掉 $-1\leqslant\phi\leqslant1$ 的限制条件，且不会影响最终的分割结果。

5.2.5 图像分割的不动点算法

定义 5.2[31] 若函数 $\varphi:\mathbb{R}^d\to\mathbb{R}$ 是凸的，定义其在 x 处的次微分算子为

$$\partial\varphi(x):=\left\{y\in\mathbb{R}^d\mid\varphi(z)\geqslant\varphi(x)+\langle y,z-x\rangle,\forall z\in\mathbb{R}^d\right\}$$

集合 $\partial\varphi(x)$ 中的元素称作函数 φ 在 x 处的次梯度。

可以看出问题 (5.20) 中的能量泛函是凸的，令 $\varphi\circ B(\phi)=\|\phi\|_{\mathrm{TV}}$，$G(\phi)=\displaystyle\int s\phi\mathrm{d}x+\dfrac{\|s\|_\infty}{2}\int(\phi^2-1)\mathrm{d}x$，其中 $B:=\nabla$，$\varphi:=\|\cdot\|_{\mathrm{TV}}$，那么最小化问题(5.20)可以描述为

$$\min_{\phi}\left\{v\varphi\circ B(\phi)+G(\phi)\right\} \tag{5.23}$$

若 ϕ 是问题(5.23)的解，则由一阶最优条件知其满足以下关系式

$$0 \in vB^{\mathrm{T}}\partial\varphi(B\phi) + \partial G(\phi)$$

其中，B^{T} 表示矩阵 B 的转置，这里使用到了次微分的链式法则。因为 G 是凸函数，且是可导的，因此 $\partial G(\phi) = \nabla G(\phi)$，记 $\psi(\phi) = \nabla G(\phi)$，则上式可以转化为

$$0 \in vB^{\mathrm{T}}\partial\varphi(B\phi) + \psi(\phi) \tag{5.24}$$

取 $a \in \dfrac{1}{\lambda}\partial\varphi(B\phi)$，使得式(5.24)取得等号，即

$$\lambda vB^{\mathrm{T}}a + \psi(\phi) = 0$$
$$\Rightarrow \phi = \psi^{-1}(-\lambda vB^{\mathrm{T}}a)$$

而 $\psi(\phi) = \nabla G(\phi) = s + \|s\|_{\infty}\phi$，故 $\psi^{-1}(\cdot) = \dfrac{\cdot - s}{\|s\|_{\infty}}$。因此可得到求解 ϕ 的表达式

$$\phi = \frac{-\lambda vB^{\mathrm{T}}a - s}{\|s\|_{\infty}} \tag{5.25}$$

式(5.25)求解的关键是 a。因为 $a \in \dfrac{1}{\lambda}\partial\varphi(B\phi)$，由近似(软阈值)算子[28] prox 和次微分的关系可知

$$a = \left(I - \mathrm{prox}_{\frac{1}{\lambda}\varphi}\right)(B\phi + a) \tag{5.26}$$

将式(5.25)代入式(5.26)，可以得到

$$a = \left(\mathrm{I} - \mathrm{prox}_{\frac{1}{\lambda}\varphi}\right)\left(\left(I - \frac{\lambda vBB^{\mathrm{T}}}{\|s\|_{\infty}}\right)a - \frac{Bs}{\|s\|_{\infty}}\right) \tag{5.27}$$

定义变换 $A:\mathbb{R}^n \to \mathbb{R}^n$ 为 $Ay := \left(I - \dfrac{\lambda vBB^{\mathrm{T}}}{\|s\|_{\infty}}\right)y - \dfrac{Bs}{\|s\|_{\infty}}$，同时，定义算子 $H:\mathbb{R}^n \to \mathbb{R}^n$ 为

$$H := \left(I - \mathrm{prox}_{\frac{1}{\lambda}\varphi}\right) \circ A$$

这样，式(5.27)就可以表示为不动点形式：$a = Ha$。通过上面的推导，可以给出一个关于问题(5.20)的解与不动点之间关系的定理。

定理 5.2 ϕ 是问题(5.20)的解，当且仅当存在 $a \in \mathbb{R}^n$，使得 $Ha = a$，且

$\phi = \dfrac{-\lambda v B^{\mathrm{T}} a - s}{\|s\|_{\infty}}$，其中 λ 是正常数。

证明　结论可以通过式(5.23)～式(5.27)的正推和逆推过程得到。□

由算子 H 的推导过程可知其存在不动点，很难证明由不动点算子 H 产生的序列的收敛性。文献中许多方法都可以构造迭代序列并证明它的收敛性，从而求解该不动点。这里选用均值算子序列来进行求解。首先介绍非膨胀算子的概念。

定义 5.3　非线性算子 P 是非膨胀的，当且仅当 $\forall x, y \in \mathbb{R}^n$，$\|P(x) - P(y)\| \leqslant \|x - y\|$。

文献[28]中已经证明算子 $I - \mathrm{prox}_{\frac{1}{\lambda}\varphi}$ 是非膨胀的，可以推出当 $\left\| I - \dfrac{\lambda v B B^{\mathrm{T}}}{\|s\|_{\infty}} \right\| \leqslant 1$ 时，算子 H 也是非膨胀的。构造其 α-均值算子 H_{α} 为 $H_{\alpha} = \alpha I + (1 - \alpha) H$，其中 $\alpha \in (0,1)$，那么应用该均值算子便可求解算子 H 的不动点。

定理 5.3　若正常数 λ 满足 $\left\| I - \dfrac{\lambda v B B^{\mathrm{T}}}{\|s\|_{\infty}} \right\| \leqslant 1$，那么对于凸集上的任意初始点和任意的 $\alpha \in (0,1)$，由算子 H_{α} 产生的迭代序列收敛于算子 H 的不动点。

证明　由算子 H 的非膨胀性和 Opial α-averaged 定理可证，具体过程参见文献[28]。□

这样，算子 H 的不动点就可以通过算子 H_{α} 的迭代求解得到，具体的算法给出如下：

算法 1　背景去除分割模型的不动点算法

---

1. 初始化 ϕ^0，$a^0 = 0$

2. 计算 s，求出 $\|s\|_{\infty}$

3. For $k = 0,1,2,\cdots$

4. 　$\tilde{a}^k = (I - \mathrm{prox}_{\frac{1}{\lambda}\varphi}) \left(\left(I - \dfrac{\lambda v B B^{\mathrm{T}}}{\|s\|_{\infty}} \right) a^k - \dfrac{Bs}{\|s\|_{\infty}} \right)$

5. 　$a^{k+1} = \alpha a^k + (1 - \alpha) \tilde{a}^k$

6. End

7. 　$\phi = \dfrac{-\lambda v B^{\mathrm{T}} a^* - s}{\|s\|_{\infty}}$（其中 a^* 表示得到的不动点）

注：(1) 这里算子 B 对应着梯度算子，那么 B^{T} 对应着算子散度算子 div；

(2) 软阈值算子满足 $\mathrm{prox}_{\frac{1}{\lambda}\|\cdot\|_2} a = \max\left\{ \|a\|_2 - \dfrac{1}{\lambda}, 0 \right\} \dfrac{a}{\|a\|_2}$。

5.2.6 飞机结冰显微图像分割结果

为了验证所提分割方法的优越性,将其与传统的阈值法进行了分割效果对比,结果展示于图 5.5 中。阈值法是以某一给定像素值作为阈值,将待分割区域二值化,从而得到分割结果。本实验中,选择的是彩色图像的第三通道作为分割对象,为了对比的统一性和展示效果,将阈值法的二值化结果转换为类似于变分分割方法的分割曲线形式。阈值法的关键在于阈值的选择,图 5.5 中给出了 3 个阈值的分割结果(图 5.5(a), 图 5.5(b)和图 5.5(c))。由于光线传播的特点,某些孔隙中部会显示出亮点,无论阈值如何选择,都没能正确分割孔隙,即部分孔隙的内部被错误分离出,没有得到完整孔隙(见图中白色框对比结果),并且阈值选择不恰当会将焦平面外的孔隙分割出,得到不正确的分割区域,进而直接影响孔隙分布规律的分析结果。而书中提出的分割方法得到了较为准确的分割结果,如图 5.5(d)所示。

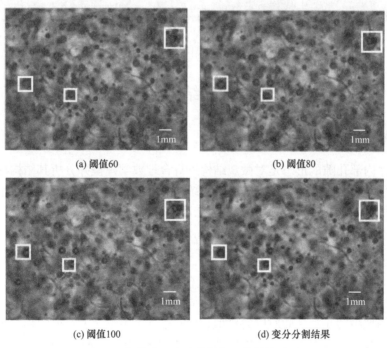

(a) 阈值60

(b) 阈值80

(c) 阈值100

(d) 变分分割结果

图 5.5 阈值法和变分分割方法分割结果对比

结冰条件的不同会直接导致结冰显微图像内孔隙大小和数量的不同,为了研究它们的变化规律,开展了不同温度条件下的结冰试验,并应用变分图像分割方法,对它们的显微图像进行了分割处理,结果如图 5.6 所示。从结果可以看出,每个状态下的孔隙均被有效分割出,并且孔隙形状与圆形较为接近。同时,从结果可以发现孔隙数量、大小和分布确实存在着明显不同。

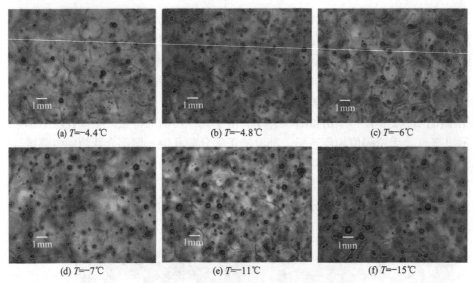

(a) $T=-4.4℃$　　　　　　(b) $T=-4.8℃$　　　　　　(c) $T=-6℃$

(d) $T=-7℃$　　　　　　(e) $T=-11℃$　　　　　　(f) $T=-15℃$

图 5.6　不同温度的显微图像分割结果

5.3　飞机结冰微观结构分布特性

5.3.1　飞机结冰孔隙形态

　　动态结冰内部孔隙的形态是对微观结构进行合理数学建模并分析其结构特征的基础，应用 5.2 节的变分分割方法对动态结冰显微图像进行分割处理，讨论孔隙形态。采用式(5.28)的圆形度表征量[32]对结冰孔隙的截面形状进行分析

$$C = 4\pi A / L^2 \tag{5.28}$$

其中，A 和 L 分别为孔隙截面的面积和周长，C 值表征的是区域近似于圆形的程度。显然，当区域为圆时，式(5.28)具有最大值 1。区域越近似于圆，值越趋近于 1；区域越复杂，C 值越小。图 5.7 中给出了同一放大倍数下，不同温度、不同结冰区域微观图像中的孔隙截面对应的 C 值，同时表 5.1 中给出了 C 值的相关统计信息。从表中数据可以看出，结冰中 C 值大于 0.7854(正方形)的区域占比较大，且所有 C 值的均值和中值均接近于 1，即大多数孔隙截面近似于圆形，这点也可以从图 5.2 中的分割结果和动态结冰过程孔隙受力情况中得到验证。基于此，结合显微图像采集的广泛性及随机性，可以推广得到孔隙任意截面均为圆形的结论。因此，在对结冰微观结构进行量化描述的过程中，将结冰孔隙视为球形是可行的。

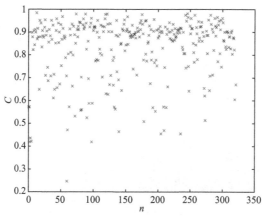

图 5.7　结冰孔隙截面圆形度

表 5.1　图 5.7 数据的统计信息

总个数	C>0.7854 个数(占比)	C 均值	C 中值
321	240(0.7477)	0.8324	0.8815

5.3.2　飞机结冰孔径分布

从图 5.6 中可以看出不同温度下的孔径的分布特性存在着明显不同，为了更清楚地认识这种不同，对其进行定量分析。

在孔隙呈球形的结论之上，考虑其区域的复杂性，基于面积和周长数据，通过式(5.29)计算动态结冰中不同孔隙的直径

$$d = \sqrt{\frac{A}{\pi}} + \frac{L}{2\pi} \tag{5.29}$$

对大量孔隙直径进行统计，图 5.8 中给出了不同区间的孔隙直径频数直方图。从图中可以看出，在一定区间范围内，孔隙直径均完全覆盖，即其可以取值一定范围内的任意值。理论上，在结冰过程中，主要受结冰热/力学的影响，孔隙的形成具有随机性，并且其大小可以为任意实数。因此，孔隙直径的取值是连续的。

从图 5.8 中可以看出不同孔径的分布密度是不同的，为了更清晰、量化地认识这种不同，基于结冰显微图像的分割结果，计算直径的分布函数 $F(d)$，并应用式(5.30)对其进行曲线拟合

$$F_1(x) = 1 - \frac{k_1}{k_2} e^{-k_2 x} \cdot \left(x^3 + \frac{3x^2}{k_2} + \frac{6x}{k_2^2} + \frac{6}{k_2^3} \right) \tag{5.30}$$

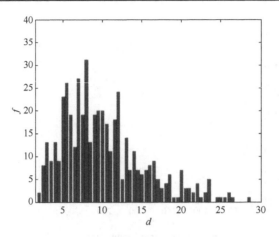

图 5.8　结冰孔隙直径的频数直方图

其中，k_1、k_2 均为正实数；$x \in [0,+\infty)$。图 5.9 中给出了不同温度条件下的直径分布函数和拟合函数对应的曲线图(参数 k_1、k_2 的取值见表 5.2)，从图中可以看出所有拟合曲线与孔径分布函数吻合较好。因此，孔径分布函数可以用式(5.30)的形式表达。进而，结合孔隙孔径取值是连续的结论，可以推导其概率密度函数具有如下形式：

$$P(d) = F_1'(d) = k_1 d^3 \cdot e^{-k_2 d} \tag{5.31}$$

图 5.10 中给出了图 5.9 对应状态的概率密度函数(probability density function，PDF)拟合曲线图，可以看出随着温度的降低，孔径最大值增大，概率密度峰值减小。这是因为在保持其他结冰条件不变的情况下，温度越低，过冷水滴撞击基底表面的结冰速率越快，溢流效应减弱，水滴之间以及水滴与结冰之间夹杂的气泡更不易破碎或者逃逸。

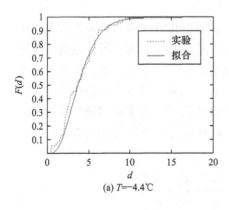

(a) $T = -4.4\,°C$

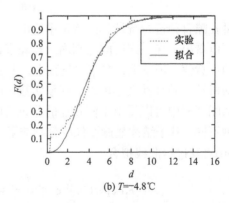

(b) $T = -4.8\,°C$

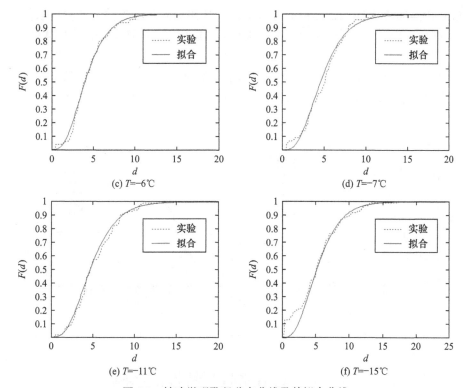

图 5.9 结冰微观孔径分布曲线及其拟合曲线

表 5.2 图 5.9 中拟合函数参数取值

	(a)	(b)	(c)	(d)	(e)	(f)
$k_1(\times 1000)$	10.00	8.48	7.45	4.59	3.84	2.50
$k_2(\times 10)$	4.95	4.75	4.60	4.08	3.90	3.50

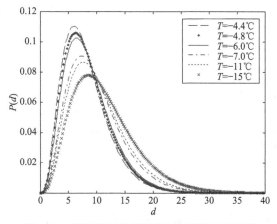

图 5.10 结冰微观孔径概率密度函数拟合曲线

式(5.30)是所提出的关于孔径的分布函数，其在不同结冰条件下的参数取值(k_1, k_2)不同。为了验证该形式在同一结冰状态下的适用性，分别选取温度为-4.8℃和-11℃动态结冰不同位置的结冰，进行微观孔径分布分析，结果展示于图 5.11中。从图中可以看出，同一结冰条件不同结冰位置的孔径分布与所提出的分布函数具有较好的吻合度，说明以式(5.30)和式(5.31)定量表征结冰孔径分布规律是可行的。

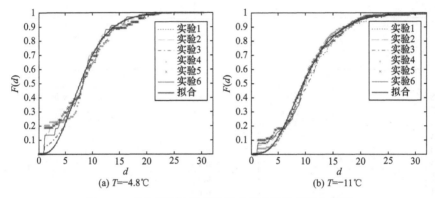

图 5.11   多位置结冰微观孔径分布曲线及其拟合曲线

5.4   温度对飞机结冰微观特性的影响

温度被认为是影响结冰类型的主要因子，在冰点以下时，温度越高，结冰越趋于明冰，反之趋于霜冰[33]。同时，温度还被认为是影响结冰形核，即冻结速度的主要内在动力[34-36]，温度越低，基底(包含超疏水材料)表面延缓结冰的性能越弱，甚至会出现瞬间接触结冰[37,38]。相应地，由于温度越高，水滴冻结速度越慢，结冰微观结构中夹杂的空气就越少[39]。因此，温度越低，结冰的密度、应力、致密度等越小。

现阶段关于温度对飞机结冰影响的定性讨论取得了较大成果，然而随着研究的深入，需要更精细化和定量化的结果，使得多种物理量间的关系或者现象背后的规律以数学形式表示，并方便应用于其他相关方向的研究。然而，在定量方面，尤其是微观的定量方面缺少必要的成果。针对温度对飞机结冰微观特性定量研究不足这一关键和难点问题，研究结冰三维微观结构数学模型的建立方法，并基于此分析温度对其的影响规律。

5.4.1   微观结构数学建模

飞机结冰属于典型的动态生长过程，伴随着过冷水的溢流现象。在这一过程中，过冷水不断冻结，部分空气来不及逃逸，在冰层中形成不同大小的孔隙，如图 5.12(a)所示。借助显微成像系统，可以清晰地得到孔隙的分布图像。

为了合理构造结冰的微观结构，基于已有文献结果和结冰图像特点，进行如下假设：

(1) 孔隙呈球形。在文献[39]～[41]中均有结冰气泡孔隙呈球形的假设或结论。

(2) 结冰微观结构模型由多个冰层叠加而成。试验或者理论中，都将动态结冰的形成视为不断冻结累积的过程。

(3) 结冰微观结构每个截面含有相近甚至相同的孔隙分布。

基于以上假设，在构造结冰微观结构时，多个冰层(图 5.12(a))相互叠加，孔隙交错分布，就可以建立其数学模型，如图 5.12(b)所示，其中 m 和 n 分别表示显微图像的长和宽，单位均为像素点，Δh 为冰层厚度，其值由假设(2)得到。假设生成的结冰由 k 个冰层组成，则结冰厚度为 $h = k \cdot \Delta h$。

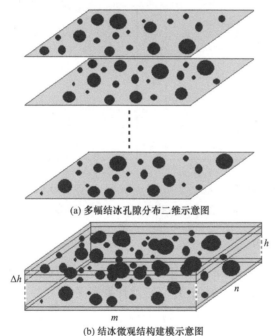

(a) 多幅结冰孔隙分布二维示意图

(b) 结冰微观结构建模示意图

图 5.12　结冰微观结构数学建模

5.4.2　微观结构数学模型分析

微观结构建模过程中假设每层观察得到的孔隙数量和半径分布是一致的，为了验证假设的合理性，本小节进行分析讨论。

定义数量分布函数为

$$N(r) = n \cdot P\{X \leqslant r\}$$

其中，n 为图像内孔隙总数；P 为概率运算；$N(r)$ 表示的是半径小于 r 的气泡数量。这里选用 $T = -11℃$ 的状态进行验证，选用同一状态结冰四组不同位置的微观图像，依次记为 $N(r_i)$（$i = 1,2,3,4$）。它们的数量分布函数分别展示于图 5.13(a)中，可以看出它们的趋势比较相近，即每个半径的孔隙数量几乎相等，这就说明同一状态不同位置的孔隙分布具有较高的相似性，建模中的假设较为合理。

另外，以其中的第一组微观图像的数量分布函数为基准，定量给出了其他三组数据与它的距离（$|N(r_1) - N(r_i)|$，$i = 2,3,4$），结果展示于图 5.13(b)中，从图中可以看出最大距离约为 10，约为总数的 10%，即对于任意的半径 r_ε，同一结冰状态下，不同显微图像的分割结果中，半径小于 r_ε 的孔隙个数之差始终不大于 10，这就量化说明了同一状态不同位置孔隙分布具有较高的相似性。

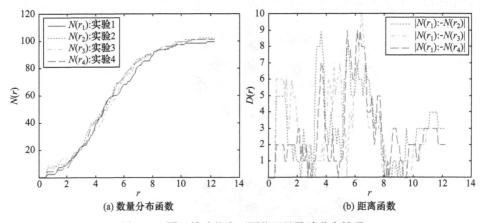

(a) 数量分布函数　　　　　　　　　　　　　　(b) 距离函数

图 5.13　同一结冰状态不同位置的孔隙分布情况

5.4.3　结冰计算密度提出

定义 5.4　给定大小为 $m \times n \times h$ 的结冰，其由 5.4.2 节建模方法生成，并假设每个截面具有相同的孔隙分布特性，定义结冰计算密度为

$$\begin{aligned} \rho &= 900 \times \frac{m \cdot n \cdot h - S \cdot h}{m \cdot n \cdot h} \\ &= 900 \times \frac{m \cdot n - S}{m \cdot n} \end{aligned} \tag{5.32}$$

其中，S 是高度方向截面的孔隙面积。

求解计算密度 ρ 的主要难点在于 S，由于同一结冰条件下结冰孔隙服从一定的分布[39]，且每个观察面内的孔径不尽相同，因此以各孔径面积和作为 S 的值时，容易使计算失去一般性，这里采用带有"平均"意义的求解方式。

主要做法是将孔隙按半径大小分成若干组，分别计算每组的平均半径，并以此作为每组孔隙的半径，进而计算出面积 S 。假设显微镜观察到某一层含有 n 个孔隙，视它们为圆，从大到小依次为 $\{s_i \mid i = 1, 2, \cdots, n\}$ ，计算的半径对应为 $\{r_i \mid i = 1, 2, \cdots, n\}$ 。令步长为 Δr ，将其分为 q 组，每组包含 $n_j (j = 1, 2, \cdots, q)$ 个数，则 $\sum_{j=1}^{q} n_j = n$ ，其平均半径为 $\{\overline{r}_j \mid j = 1, 2, \cdots, q\}$ ，具有如下表达式：

$$\overline{r}_j = \frac{r_{a_j+1} + \cdots + r_{a_j+n_j}}{n_j} \tag{5.33}$$

其中， $a_j = \sum_{k=1}^{j-1} n_k$ 。

那么，可以得到 S 的表达式如下：

$$S = \sum_{j=1}^{q} n_j \cdot \pi \overline{r}_j^2 \tag{5.34}$$

将式(5.34)代入式(5.32)，得到最终的计算密度表达式为

$$\rho = 900 \times \frac{m \cdot n - \sum_{j=1}^{q} n_j \cdot \pi \overline{r}_j^2}{m \cdot n} \tag{5.35}$$

5.4.4 温度对孔隙分布的影响

5.2.6 节中得到了不同温度下的孔隙信息，可以看出它们的分布存在着不同程度的差异，本节中对其进行定量分析，主要包括不同温度下的孔隙数量和半径分布情况。表 5.3 中给出了不同温度下孔隙数量的统计信息，从结果可以看出随着温度降低，孔隙数量增加，并且孔隙所占的空间也增加，这是由于温度越低时，水滴撞击基底表面发生冻结的速度越快,结冰表面存在溢流现象的可能性就越小,从而结冰中夹杂气泡孔隙的概率就越大。

表 5.3 不同温度下孔隙数量

	$T = -4.4℃$	$T = -4.8℃$	$T = -6℃$	$T = -7℃$	$T = -11℃$	$T = -15℃$
数量	54	68	80	82	100	99

为了解不同状态下孔隙半径的分布特点，根据模型假设，使用如下的概率密度函数

$$f(r_i) = \frac{n_i}{n} \times 100\%$$

其中，$r_i = 0.25 + (i-1) \cdot \Delta r$（$i = 1, 2, \cdots, q$），$n_i$ 是半径属于 $((i-1) \cdot \Delta r, i \cdot \Delta r]$ 区间的孔隙个数，图 5.14 中分别给出了与图 5.6 对应的孔隙分布密度函数，其中半径步长取为 $\Delta r = 0.5$。从图中可以看出，孔隙的尺寸较为不均匀，并且主要集中分布于中间尺寸，大尺寸气泡最少，小尺寸气泡较多，这是因为气泡在冻结过程中受到挤压，容易破碎变为小气泡。另外，当温度较低时，由于冻结速度较快，空气来不及逃逸或者分裂，会形成较大的孔隙，这点从图 5.6 中也可以得到印证。

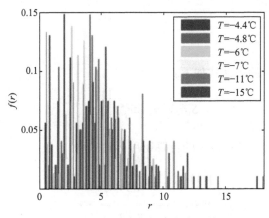

图 5.14　气泡半径概率密度函数

5.4.5　温度对计算密度的定量影响

结合式(5.35)，计算不同温度下的计算密度，并对其进行定量分析。不同温度下的计算密度绘制于图 5.15 的蓝色线条中，从曲线的走势可以看出，其与真实密

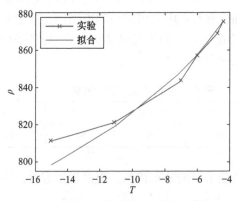

图 5.15　温度-计算密度及其拟合曲线图

度随温度的变化较为相似，即随着温度减小，结冰密度减小，结冰更趋于霜冰。另外，应用 Jones 的结冰密度经验公式[42]的形式对实验数据进行了拟合，拟合曲线如图 5.15 中的红色曲线所示，其表达式为

$$f(T) = 1000\mathrm{e}^{0.15 \times \left(1 - 1.34(-T)^{0.23}\right)}, \quad T \in [-3, -40] \tag{5.36}$$

从图中可以看出，拟合结果吻合度较高，可以用该表达式预测任意温度下的计算密度，进而分析不同温度下的结冰特性。

5.5　飞机结冰微观结构三维建模

现有针对动态结冰微观特性的试验研究和模拟研究已经较多，研究表明影响动态结冰微观结构的结冰条件主要有速度、温度、粒径、液态水含量等，其中温度越低，孔径最大值越大，孔隙率越大[39]；速度越高，来流对气泡的粉碎作用越强，因而气泡体积也相对越小，孔隙率越小[43]。这些研究对结冰微观特性有了一定的定性理解，然而缺少类似多孔材料的细致定量研究。在二维孔隙率分析方面，主要做法是低温环境下获取结冰的截面显微图像，进而进行相关分析讨论。在多孔材料孔隙结构定量信息提取研究领域，目前较为有效的途径是通过建立三维模型进行定量分析，具体做法是利用 CT 或者 Micro-CT 获取对象的二维序列图像，并对其进行图像处理，再进行三维重建，结果可视化软件包括 OpenGL、MATLAB、Tecplot 等，相关研究已经遍历土壤学、材料学、医学等。然而由于动态结冰的材料特点，并不能进行相同的扫描建模，因此，其定量信息的提取是动态结冰的难点问题之一。

动态结冰孔隙结构相关研究已经取得了一定的定量信息，然而对于结冰的三维模型建立以及三维信息定量提取方面，缺少必要的研究手段及方法。针对动态结冰孔隙结构三维建模问题，本节基于结冰孔隙形状、孔径、分布等二维图像定量信息和合理假设，提出了孔隙的定位及定量方法，建立了孔隙模型的量化表征及显示方法，研究可以为动态结冰三维刻画以及特征参数的表征提供新途径[44]。

5.5.1　飞机结冰孔隙分布的基本假设

动态结冰具有孔隙结构，宏观上表现为图 5.16 的不透明状，微观上含有大量气泡孔隙。本书 5.3 节中，采用图像分割的方法获取了结冰微观图像中的二维定量信息，并从微观角度入手，通过对不同结冰条件下的结冰、同一试验状态不同位置结冰的定量分析，最终得到了动态结冰如下的定量分析结果。

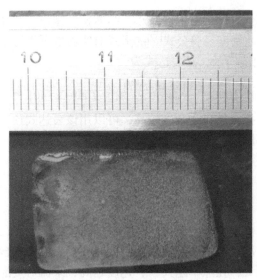

图 5.16　含有气泡的动态结冰

（1）孔隙呈球形。利用圆形度表征量对孔隙截面进行统计分析，该值大于0.7854(正方形)的区域占比较大，结合显微图像采集的广泛性及随机性，可以推广得到孔隙任意截面均为圆形、结冰孔隙为球形的结论。

（2）孔隙直径取值是连续的。统计大量孔径数据，得出其可以取值一定范围内的任意值。并且理论上，在结冰过程中，主要受结冰热/力学的影响，孔隙的形成具有一定随机性，其半径可以为任意实数。因此，孔隙孔径的取值是连续的。

（3）孔隙直径服从特定分布。文献中所使用的显微镜在 40 倍放大率，对不同结冰状态下的结冰直径分布进行曲线拟合，其服从式(5.37)的特定分布：

$$F(x) = 1 - \frac{k_1}{k_2} e^{-k_2 x} \cdot \left(x^3 + \frac{3x^2}{k_2} + \frac{6x}{k_2^2} + \frac{6}{k_2^3} \right) \tag{5.37}$$

其中，$x \in [0, +\infty)$；k_1、k_2 均为正实数，不同来流条件下结冰微观孔隙的直径分布对应不同的 k_1 和 k_2。

（4）孔隙分布位置的随机性。孔隙的形成过程受结冰条件和热/力学的影响，虽然呈现一定规律，但具有较强的随机性。

本节中以此作为结冰三维孔隙结构建模的假设，该假设是所提建模方法的重要基础。

5.5.2　飞机结冰微观结构的三维建模方法

为更直观地重建结冰内部孔隙结构，将结冰微观结构抽象化为三维矩阵的形式，基于随机的形式和孔径分布函数(5.37)确定矩阵各坐标点处的取值，其中以 0

表示结冰，1 表示结冰内部的孔隙。三维建模是将物理问题数学化表达的过程，表示为求刻画结冰微观结构的矩阵 $T: \Omega \rightarrow \{0,1\}$，其中 $\Omega \subset \mathbb{Z}^3$，其求解过程如图 5.17 所示。建模过程主要分为五个步骤：

(1) 确定需要生成的结冰的大小(尺寸)。

(2) 根据试验采集到的结冰二维微观图像，测量其孔隙率，进而确定三维建模时孔隙的数量 N。

(3) 根据 5.5.1 节中的结论(4)，随机生成 N 个孔隙的位置信息。

(4) 根据 5.5.1 节中的结论(3)，生成服从分布(5.37)的孔隙直径信息。

(5) 最终基于以上步骤生成结冰微观结构，并予以显示。这五步对应的详细过程如下文所述。

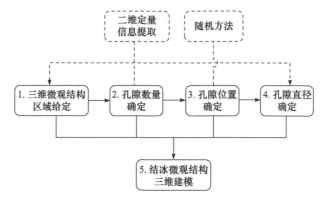

图 5.17　三维建模方法流程图

1. 三维微观结构的区域

给定区域 $\Omega = [1,I] \times [1,J] \times [1,K], \Omega \subset \mathbb{R}^3$，并令 $T(\Omega) = \mathbf{0}$，即以大小为 $I \times J \times K$ 的三维 0-矩阵(矩阵元素值均为 0) T 表示待确定的结冰三维微观结构区域，该矩阵也可视为是三维图像。

在微观结构确定的基础上，必须给定矩阵大小与实际结冰尺寸的变换关系。将矩阵元素的坐标与长度间建立关系，两个元素间距离为 1，记为 1 像素，建模中以比例 r(单位：像素/毫米)表示，即 r 个矩阵元素长度对应真实结冰的 1mm。比例尺 r 可以由结冰二维显微图像中的标定结果确定。如果需要获取更精细化的三维微观结构，可以增大 r。

2. 区域内孔隙数量

动态结冰内部由一定数量的孔隙组成，记其数量为 N。孔隙分布具有随机性，又具有一定的规律性，基于此，假设三维每个界面的孔隙分布是相同的。那么，三维的孔隙体积占比就等于二维的孔隙面积占比 λ_{2D} ，称它们为孔隙率[45]，并以此作为三维建模的数量特征，数量 N 的确定方式基于

$$N = \frac{\lambda_{2D} \cdot I \cdot J \cdot K}{\displaystyle\int_0^{F^{-1}(1)} F'(x) \cdot \frac{4}{3}\pi\left(\frac{x}{2}\right)^3 \mathrm{d}x} \tag{5.38}$$

其中，$F^{-1}(1)$ 为式(5.37)分布函数逆函数在 1 处的取值；$F'(x)$ 为分布函数的导数，即概率密度函数。

由于在计算二维孔隙率时，并未考虑孔隙交融的情况，而在三维孔隙结构建模时会存在这种现象。因此，在建模时需要考虑这点带来的三维体积损失和二维面积损失，经过多次建模实验，经验性地选取 3%进行修正补偿，即式(5.39)

$$N = \mathrm{int}\big((1 + 3\%) \cdot N\big) \tag{5.39}$$

其中，int() 表示求整运算。

3. 孔隙位置

基于孔隙为球形的假设，孔隙的位置可以由球心位置确定。球心坐标以随机的形式确定，记其为 $O_i(x_i, y_i, z_i), i = 1, 2, \cdots, N$ 。

在区间[1，$I \cdot J \cdot K$]上以均匀分布方式生成 N 个随机实数 $\{X_i \mid i = 1, 2, \cdots, N\}$ ，以式(5.40)的公式生成孔隙的球心坐标。

$$\begin{cases} x_i = \mathrm{int}\big((X_i - 1)/(J \cdot K)\big) + 1 \\ y_i = \mathrm{int}\big(((X_i - 1) - (x_i - 1) \cdot J \cdot K)/K\big) + 1 \\ z_i = X_i - (x_i - 1) \cdot J \cdot K - (y_i - 1) \cdot K \end{cases} \tag{5.40}$$

4. 孔径分布

由式(5.37)孔隙直径分布可以直接得到孔隙率，而孔隙率决定了结冰的密度、致密程度及其热力学特性等，是决定结冰宏观特性的主要和关键因素，是关乎防除冰策略优化的重要因子。因此，获取准确的孔径分布(孔隙率)是建立结冰微观结构三维模型的关键步骤，是开展后续研究的前提。

建模中采用的孔径分布由式(5.37)得到，而其中的参数 k_1 和 k_2 由二维图像中得到，具体做法是在低温环境下制作结冰的切片，在显微镜下获取结冰微观图像，进而采用图像分割的方法获取孔隙部分，采用 MATLAB 自带命令得到各孔隙的周长和面积，进而以孔隙呈球形的假设得到其直径，最后根据多个孔隙直径信息确定式(5.37)中的两个参数 k_1 和 k_2 。

式(5.37)是特定实验条件下提取的分布公式，需在其基础上转化为孔径 d ，转

换为

$$d = \frac{rx}{\eta} \tag{5.41}$$

其中，η（单位：像素/毫米）是结冰显微图像中像素与真实尺寸之间的比例尺。

具体地，按照均匀分布规则，在区间$(0,1)$上生成N个随机数$\{Y_i \mid i = 1, 2, \cdots, N\}$，并求出分布函数(5.37)所对应的逆$\{F^{-1}(Y_i) \mid i = 1, 2, \cdots, N\}$，则孔隙直径为

$$d_i = \frac{r \cdot F^{-1}(Y_i)}{\eta}, \quad i = 1, 2, \cdots, N \tag{5.42}$$

5. 三维微观孔隙结构

更新 0 矩阵 T，生成动态结冰三维微观孔隙结构，其对应值为 1。

以$\{(O_i, d_i)\}$（$i = 1, 2, \cdots, N$）为对，依次对矩阵中的元素取值进行更新。令

$$\Omega_i = \left[x_i - \frac{d_i}{2}, x_i + \frac{d_i}{2} \right] \times \left[y_i - \frac{d_i}{2}, y_i + \frac{d_i}{2} \right] \times \left[z_i - \frac{d_i}{2}, z_i + \frac{d_i}{2} \right]$$

只对区域 $\Omega_i \subset \Omega$ 内的矩阵元素进行判断，若其距点 O_i 的距离小于 $\frac{d_i}{2}$，则更新该点 T 值为 1；否则不做任何操作。

5.5.3 三维微观结构生成结果

指定结冰矩阵大小 $I \times J \times K$ 为 $270 \times 270 \times 270$，建模中矩阵元素长度与真实结冰尺度之间的比例 $r = 27$（单位：像素/毫米），即给定大小为 $270 \times 270 \times 270$ 的矩阵 $T = 0$，其代表 $1\text{cm} \times 1\text{cm} \times 1\text{cm}$。

在结冰二维定量信息和拟生成结冰尺度基础之上，结合式(5.38)和式(5.39)可以确定孔隙的数量为 $N \approx 1663$。

在区间 $[0, 270^3]$ 上按均匀方式生成 N（$=1663$）个随机数 X_i，$i = 1, 2, \cdots, N$，按照式(5.40)可以得到孔隙的位置信息。

在区间 $[0, 1]$ 上按均匀方式生成 N 个随机数 Y_i，$i = 1, 2, \cdots, N$，按照式(5.37)数值求解随机数 Y_i 的逆 $\{F^{-1}(Y_i) \mid i = 1, 2, \cdots, N\}$，以此作为孔隙直径。

在得到孔隙球心位置及其直径的基础上，按照 5.5.2 小节扫描的方式对 $270 \times 270 \times 270$ 个矩阵元素进行赋值，得到最终的动态结冰三维微观结构模型，共耗时 8.8s。

图 5.18 是在 MATLAB 中对该模型进行图像显示，黑色部分表示的是气泡孔隙；在 Tecplot 中对其进行显示，并按照直径大小着色，结果展示于图 5.19(a)，

对模型 0.25 等值面进行显示，结果展示于图 5.19(b)。从图中可以看出，孔隙分布较随机，也较均匀，说明所提出的建模方法具有可行性。

图 5.18   所生成 1cm×1cm×1cm 结冰的图像显示

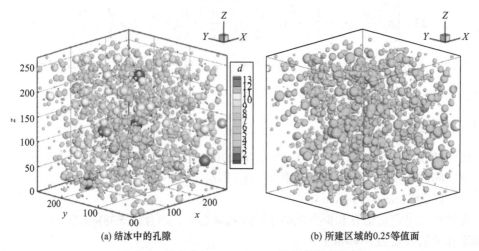

(a) 结冰中的孔隙   (b) 所建区域的0.25等值面

图 5.19   所生成 1cm×1cm×1cm 结冰的孔隙分布

5.5.4   方法的验证及可靠性分析

1. 随机性验证

图 5.20 是确定孔隙位置和孔径分别所需的 N (=1663) 个随机数 X_i 和 $Y_i, i = 1, 2, \cdots, N$ 随序号变化的示意图，其中横坐标是随机数序号 i，纵坐标分别是随机数 X_i 和 Y_i 的值。可以看出其满足 5.5.1 节中假设(3)和(4)的建模要求，并且具有较好的均匀性和随机性，这说明以所提方法模拟结冰内部孔隙的随机性是可行的。

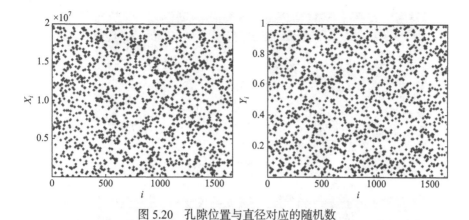

图 5.20 孔隙位置与直径对应的随机数

2. 孔径分布吻合度

图 5.21 是生成的孔径分布与所服从的分布(5.37)之间的对比图，它们之间的最大绝对误差为 0.02，这说明吻合度较好，进而说明孔径生成方法是切实可行的。

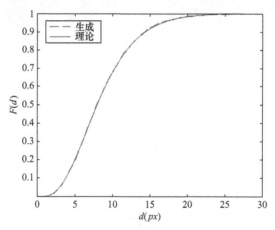

图 5.21 生成孔径分布及其所服从的分布函数

3. 二维信息定量对比

为了直观显示所生成的三维结构内部形态，图 5.22 中对比展示了结冰孔隙试验测量结果及所生成结冰二维截面。图中可以看出生成结冰的内部孔隙分布与试验较为相似，表现在孔隙大小、分布、随机性等方面。

试验图片的分割结果中，二维气泡的孔隙率约为 0.0512，为了对比验证建模方法的准确度，对所生成结冰三维微观结构的所有 x、y、z 方向的截面进行孔隙率计算，得到的结果以柱状图展示于图 5.23 中。可以看出它们的值主要集中在 0.05

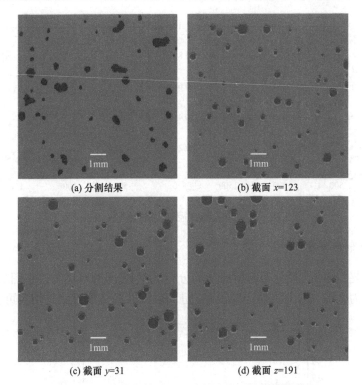

(a) 分割结果　　　　　　　　　　　　　　(b) 截面 x=123

(c) 截面 y=31　　　　　　　　　　　　　(d) 截面 z=191

图 5.22　二维分割结果及三维结冰微观结构模型截面

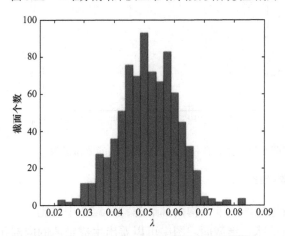

图 5.23　x、y、z 三个方向所有截面孔隙率

左右，变化范围有限，并且它们的平均值为 0.0511，与二维试验值相近，这说明三维建模得到的孔隙率结果与二维定量结果有较高的一致性。

4. 重复性实验

为了验证方法的可重复性，在保持所有输入条件相同的情况下，开展了 100 次建模实验，并计算了它们的三维孔隙率，结果如图 5.24 所示。可以看出计算结果几乎全部在区间[0.047，0.054]上，并且它们的平均值为 0.0506，与二维孔隙率 0.0512 接近，这说明所提方法重复性较好，可靠性较高。

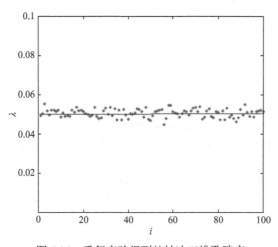

图 5.24　重复实验得到的结冰三维孔隙率

5.5.5　不同分辨率下的建模结果

考虑实际建模情况，需要生成不同分辨率下的结冰微观结构模型，即需要对比例因子 r 进行适度调整。为了直观对比分辨率引起的不同，在比例尺 $r=27$ 的基础上(图 5.25(b))，分别增加了 0.5 倍和 2 倍的缩放模型，结果分别展示于图 5.25(a) 和(c)中，对应真实结冰大小约为 1.85mm×1.85mm×1.85mm。从图中可以看出，随着分辨率的提高，即 r 的增大，所建模中的球形表面"颗粒感"减弱，即气固界

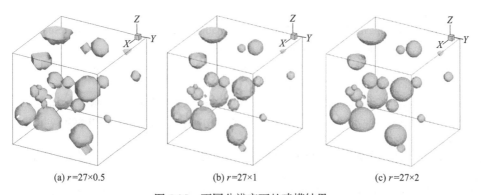

(a) $r=27×0.5$　　　　　　(b) $r=27×1$　　　　　　(c) $r=27×2$

图 5.25　不同分辨率下的建模结果

面更加光滑真实，并且更接近于真实球面。因此，如果需要更精细化的建模结果，则提高比例尺 r；反之则减小 r。另外，相同参数设置下，CPU(中央处理器)时间随着 r 的增大而增加。

参 考 文 献

[1] Barghout L, Lee L. Perceptual information processing system: US 20040059754, 2003.

[2] Forsyth D A, Ponce J. Computer vision: A modern approach. Prentice Hall Professional Technical Reference, 2002.

[3] Kass M, Witkin A, Terzopoulos D. Snakes: Active contour models. International Journal of Computer Vision, 1988, 1(4): 321-331.

[4] Cohen L D. On active contour models and balloons. CVGIP: Image Understanding, 1991, 53(2): 211-218.

[5] Cohen L D, Cohen I. Finite-element methods for active contour models and balloons for 2-D and 3-D images. Pattern Analysis and Machine Intelligence, IEEE Transactions on, 1993, 15(11): 1131-1147.

[6] Osher S, Sethian J A. Fronts propagating with curvature-dependent speed: Algorithms based on Hamilton-Jacobi formulations. Journal of Computational Physics, 1988, 79(1): 12-49.

[7] Caselles V, Kimmel R, Sapiro G. Geodesic active contours. International Journal of Computer Vision, 1997, 22(1): 61-79.

[8] Mumford D, Shah J. Optimal approximations by piecewise smooth functions and associated variational problems. Communications on Pure and Applied Mathematics, 1989, 42(5): 577-685.

[9] Zhu S C, Yuille A. Region competition: Unifying snakes, region growing, and Bayes/MDL for multiband image segmentation. Pattern Analysis and Machine Intelligence, IEEE Transactions on, 1996, 18(9): 884-900.

[10] Yezzi A , Jr, Tsai A, Willsky A. A statistical approach to snakes for bimodal and trimodal imagery. The Proceedings of the Seventh IEEE International Conference on Computer Vision, 1999, 2: 898-903.

[11] Chan T F, Vese L A. Active contours without edges. Image Processing, IEEE Transactions on, 2001, 10(2): 266-277.

[12] Weisstein E W. Heaviside step function. From Math World-A Wolfram Web Resource. http://mathworld.wolfram.com/ HeavisideStepFunction.html, 2008.

[13] Shi Y, Karl W C. A real-time algorithm for the approximation of level-set-based curve evolution. IEEE Transactions on Image Processing, 2008, 17(5): 645-656.

[14] Li C, Xu C, Gui C, et al. Level set evolution without re-initialization: A new variational formulation. IEEE Computer Society Conference on Computer Vision and Pattern Recognition, 2005, 1: 430-436.

[15] 李俊, 杨新, 施鹏飞. 基于 Mumford—Shah 模型的快速水平集图像分割方法. 计算机学报, 2002, 25(11): 1175-1183.

[16] Vese L A, Chan T F. A multiphase level set framework for image segmentation using the

Mumford and Shah model. International Journal of Computer Vision, 2002, 50(3): 271-293.

[17] Chung G, Vese L A. Image segmentation using a multilayer level-set approach. Computing and Visualization in Science, 2009, 12(6): 267-285.

[18] Tai X C, Yao C. Fast piecewise constant level set methods (PCLSM) with Newton updating. UCLA CAM, 2005: 5-52.

[19] Lie J, Lysaker M, Tai X C. Piecewise constant level set methods and image segmentation//Scale Space and PDE Methods in Computer Vision. Springer Berlin Heidelberg, 2005: 573-584.

[20] Tai X, Yao C. Image segmentation by piecewise constant Mumford-Shah model without estimating the constants. Journal of Computational Mathematics, 2006, 24(3): 435-443.

[21] Bae E, Tai X C. Efficient global minimization methods for image segmentation models with four regions. UCLA CAM Report, 2011, 11: 82.

[22] Chan T F, Esedoglu S, Nikolova M. Algorithms for finding global minimizers of image segmentation and denoising models. SIAM Journal on Applied Mathematics, 2006, 66(5): 1632-1648.

[23] Tsai A, Yezzi A, Jr, Willsky A S. Curve evolution implementation of the Mumford-Shah functional for image segmentation, denoising, interpolation, and magnification. Image Processing, IEEE Transactions on, 2001, 10(8): 1169-1186.

[24] Li C, Kao C Y, Gore J C, et al. Implicit active contours driven by local binary fitting energy. IEEE Conference on Computer Vision and Pattern Recognition, 2007: 1-7.

[25] Chambolle A. An algorithm for total variation minimization and applications. Journal of Mathematical Imaging and Vision, 2004, 20(1-2): 89-97.

[26] Bresson X, Esedoglu S, Vandergheynst P, et al. Fast global minimization of the active contour/snake model. Journal of Mathematical Imaging and Vision, 2007, 28(2): 151-167.

[27] Goldstein T, Osher S. The split Bregman method for L1-regularized problems. SIAM Journal on Imaging Sciences, 2009, 2(2): 323-343.

[28] Micchelli C A, Shen L, Xu Y. Proximity algorithms for image models: Denoising. Inverse Problems, 2011, 27(4): 045009.

[29] 李伟斌, 易贤, 杜雁霞, 等. 基于变分分割模型的结冰冰形测量方法. 航空学报, 2017, 38(1): 120167.

[30] Bertsekas D P. Constrained Optimization and Lagrange Multiplier Methods. Boston: Academic Press, 1982: 1.

[31] Bertsekas D. Nonlinear Programming. Belmont: Athena Scientific, 2003: 209-210.

[32] 王东霞, 宋爱国. 基于三坐标测量机的圆度误差不确定度评估. 东南大学学报(自然科学版), 2014, 44(5): 952-956.

[33] Hansman R J, Kirby M S. Comparison of wet and dry growth in artificial and flight icing conditions. Journal of Thermophysics and Heat Transfer, 1987, 1(3): 215-221.

[34] Zhou W, Liu Y, Hu H, et al. Utilization of thermal effect induced by plasma generation for aircraft icing mitigation. AIAA Journal, 2018, 56(3): 1097-1104.

[35] 杜雁霞, 李明, 桂业伟, 等. 飞机结冰热力学行为研究综述. 航空学报, 2017, 38(2): 520706-520717.

[36] Lei G, Dong W, Zheng M, et al. Numerical investigation on heat transfer and melting process of ice with different porosities. International Journal of Heat and Mass Transfer, 2017, 107: 934-944.

[37] 武卫东, 王菲菲, 申瑞, 等. 不同基底温度下铝基超疏水表面的抗结冰性能实验. 制冷学报, 2017, 38(3): 82-88.

[38] Jin Z, Wang Z, Sui D Y, et al. The impact and freezing processes of a water droplet on different inclined cold surfaces. International Journal of Heat and Mass Transfer, 2016, 97: 211-223.

[39] 李伟斌, 魏东, 杜雁霞, 等. 动态结冰微观孔隙结构定量分析. 航空学报, 2018, 39(2): 107-114.

[40] Kintea D M, Roisman I V, Tropea C. Transport processes in a wet granular ice layer: Model for ice accretion and shedding. International Journal of Heat and Mass Transfer, 2016, 97: 461-472.

[41] Szilder K, Lozowski E P. Three-dimensional modelling of ice accretion density. Quarterly Journal of the Royal Meteorological Society, 2000, 126(568): 2395-2404.

[42] Jones K F. The density of natural ice accretions related to nondimensional icing parameters. Quarterly Journal of the Royal Meteorological Society, 1990, 116(492): 477-496.

[43] 杜雁霞, 桂业伟, 柯鹏, 等. 飞机结冰冰型微结构特征的分形研究. 航空动力学报, 2011, 26(5): 997-1002.

[44] 李伟斌, 宋超, 易贤, 等. 动态结冰孔隙结构三维建模方法. 化工学报, 2020, 71(3): 1009-1017.

[45] Popovitcheva O B, Persiantseva N M, Trukhin M E, et al. Experimental characterization of aircraft combustor soot: Microstructure, surface area, porosity and water adsorption. Physical Chemistry Chemical Physics, 2000, 2(19): 4421-4426.

第 6 章　基于热边界反演的结冰抑制能耗分析方法

石友安　　　周志宏

飞机结冰的抑制目前主要采用热防冰方式，即通过对蒙皮内表面加热(热气或电加热)达到结构外表面防冰的效果，防冰热载荷是抑制结冰的关键参数之一。本章面向防冰热载荷预测需求，在结冰特性预测的基础上，从反问题求解角度，建立了耦合气-液-固相变的热边界反分析模型，应用迭代正则化方法建立了防冰结构内表面临界热载荷反分析方法，并通过分析获得了临界防冰热载荷随时间和空间的分布特性。相关研究可为实现结冰精细抑制、提高防冰效率提供参考。

6.1　结冰抑制能耗反分析模型

防冰过程热量交换过程的正问题模型是结冰抑制能耗反分析模型建立的基础，壁面边界与结冰过程传热传质之间相互影响是其中的关键。对于结冰表面而言，根据 Messinger 结冰模型[1,2]，考虑控制体积中的能量传递特性，如果该控制体积内不存在热源，根据热力学第一定律，则控制体积的能量平衡方程可以写成

$$\dot{Q}_{imp} = \dot{Q}_{eva} + \dot{Q}_{ice} + \dot{Q}_{aero} + \dot{Q}_{conv} \tag{6.1}$$

式中，$\dot{Q}_{imp}$ 包括由来流水滴温度与参考温度之间的温差引起的热通量，以及由水滴动能转换而来的热通量两部分；$\dot{Q}_{eva}$ 包括由壁面温度和参考温度之间的温差引起的热通量，以及由蒸发引起的热通量；$\dot{Q}_{ice}$ 是由结冰相变引起的热通量；$\dot{Q}_{aero}$ 是气动加热；$\dot{Q}_{conv}$ 是对流换热。防冰结构内外表面热载荷如图 6.1 所示。

对于防冰系统而言，一般通过对蒙皮内表面加热(热气或电加热)达到结构外表面防冰的效果[3,4]。假定施加在蒙皮内表面的防冰热载荷为 $\dot{Q}_{heat,n}$，经过蒙皮结构传热到外表面的能量为 $\dot{Q}_{heat}$，在 $\dot{Q}_{heat}$ 的作用下，如果 $\dot{Q}_{ice}$ 为 0，则意味着不结冰。因此，考虑壁面边界与结冰过程传热传质之间的相互影响，针对蒙皮结构建立结冰抑制的能耗模型，可表示为

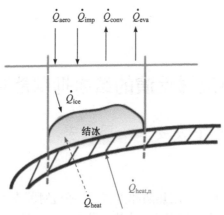

图 6.1　防冰结构内外表面热载荷

$$\begin{cases} \dfrac{\partial}{\partial n}\left[k(T)\dfrac{\partial T}{\partial n} \right] = \rho C_{\mathrm p}\dfrac{\partial T}{\partial t} \\[2mm] T\left(t_0\right) = T_0(\varOmega,0) \\[2mm] -k\dfrac{\partial T}{\partial n}\bigg|_{\mathrm{outer}} = \dot{Q}_{\mathrm{imp}} + \dot{Q}_{\mathrm{eva}} + \dot{Q}_{\mathrm{ice}} + \dot{Q}_{\mathrm{aero}} + \dot{Q}_{\mathrm{conv}} \\[2mm] -k\dfrac{\partial T}{\partial n}\bigg|_{\mathrm{inner}} = \dot{Q}_{\mathrm{heat,n}}, \quad -k\dfrac{\partial T}{\partial n}\bigg|_{\mathrm{other}} = 0 \end{cases} \tag{6.2}$$

其中，$\dot{Q}_{\mathrm{imp}} \sim \dot{Q}_{\mathrm{aero}}$ 在流场与水滴撞击特性分析的基础上获得。

　　防冰热载荷的设计一般是在明确防护范围及防冰效果的基础上进行的[5,6]。一般而言，对于机翼或发动机进气道等部件，要求满足完全蒸发防冰，即撞击在表面的过冷水完全蒸发，不流出防护区域外。如果可用能量不足以满足这样的防护要求，也可将系统设计为湿态防冰系统，即允许部分液态水流出防护区域[7,8]。图 6.2 给出了不同防冰边界及其对应的防冰状态。

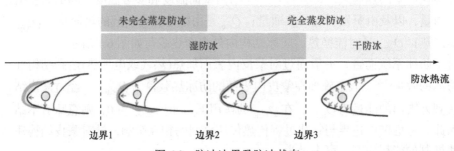

图 6.2　防冰边界及防冰状态

不同的防冰状态，表面温度不同，内表面的防冰热载荷也不同。如果表面温度为不结冰的临界温度分布，则对应的防冰热载荷可视为临界防冰热载荷。由此，建立结冰抑制所需能耗的反问题模型思路为：在飞行工况确定的前提下(外部热载荷确定)，根据不同的防冰状态需要(结果)，求解满足防冰状态需要的结构内边界热载荷(原因)，如图 6.3 所示。以湿防冰为例，只需保证防护范围内蒙皮表面温度大于 0℃即可，其反分析模型可以描述为

$$\min: -k\frac{\partial T}{\partial n}\bigg|_{\text{inner}} = \dot{Q}_{\text{heat,n}}, \quad \text{当} \ T\big|_{\text{outer}}(t) \geqslant 0$$

$$\text{s.t.}\begin{cases} \dfrac{\partial}{\partial n}\left[k(T)\dfrac{\partial T}{\partial n}\right] = \rho C_{\text{p}}\dfrac{\partial T}{\partial t} \\ T(t_0) = T_0(\Omega, 0) \\ -k\dfrac{\partial T}{\partial n}\bigg|_{\text{outer}} = \dot{Q}_{\text{imp}} + \dot{Q}_{\text{eva}} + \dot{Q}_{\text{ice}} + \dot{Q}_{\text{aero}} + \dot{Q}_{\text{conv}}, \ -k\dfrac{\partial T}{\partial n}\bigg|_{\text{other}} = 0 \end{cases} \quad (6.3)$$

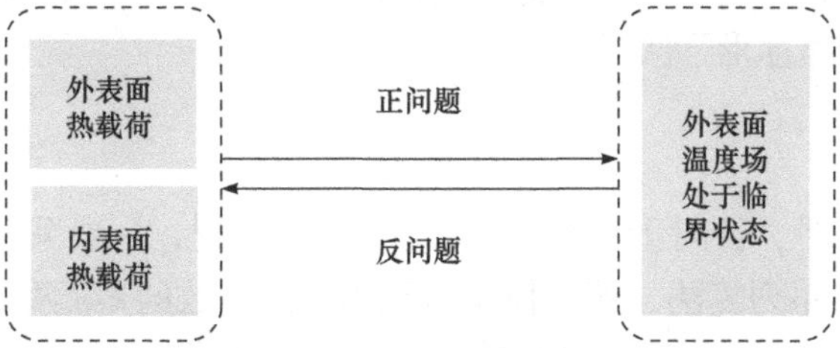

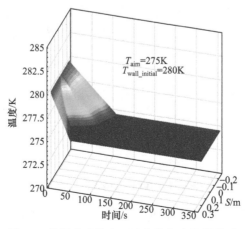

图 6.3　防冰正/反问题示意图

本章主要介绍未完全蒸发防冰条件下临界防冰热边界反演模型及其算法。为保证安全裕度，假定临界温度为 2℃，典型翼型防冰表面临界约束温度分布如图 6.4 所示，图中轴 S 表示当地距离驻点的弦长。

图 6.4　临界防冰外表面温度分布示意(湿防冰)

6.2　外表面热载荷计算

由防冰临界热边界分析模型可以看出：在水滴撞击及外流场作用条件下，外部流场在结构外表面形成了多种热载荷。在外部和内部热载荷的共同作用下，实现结构表面处于防冰状态，是一个气-液-固相变传热耦合的复杂过程。为此，需要通过结冰特性计算获得防冰外表面的热载荷。

6.2.1　结冰特性计算

结冰是一个涉及空气流动、水滴运动、冰层增长等过程相互耦合影响的非定常过程。在工程中，为便于计算，一般将结冰数值计算解耦为三个步骤：首先求解流体力学的基本方程组，获得绕流流场解；其次将流场解的结果作为定解条件计算水滴的撞击特性，确定水滴与物面的碰撞点和水滴收集区域；最后根据结冰生长模型确定物面结冰冰形[9,10]。

1. 空气流场计算

在计算流场信息时，针对雷诺平均不可压 N-S 方程，一般采用求解不可压 N-S 方程的 SIMPLE 系列算法，湍流模型多采用低雷诺数的 k-ε 两方程模型。求解三维不可压 N-S 方程，分析飞行器低速黏性绕流是计算流体力学的一个重要研究课题。雷诺平均不可压 N-S 方程的通式可表示为

$$\frac{\partial \rho \psi}{\partial t} + \mathrm{div}(\rho V \psi - \Gamma_\psi \cdot \mathrm{grad}\,\psi) = q_\psi \tag{6.4}$$

其中，ψ、Γ_ψ 和 q_ψ 取不同的值时，式(6.4)可分别代表连续方程、动量方程以及湍流方程，方程各项的具体意义和表达式可参见文献[2]。对于边界条件，主要考虑以下 4 种类型：入口边界、出口边界、无穿透固定边界及对称面边界条件。

2. 水滴收集特性计算

采用欧拉法计算水滴撞击特性，水滴相的控制方程包括连续方程和动量方程，分别为

$$\frac{\partial(\rho\alpha)}{\partial t} + \nabla \cdot (\rho\alpha v) = 0 \tag{6.5}$$

$$\frac{\partial(\rho\alpha v)}{\partial t} + \nabla \cdot (\rho\alpha vv) = \rho\alpha K(v_a - v) \tag{6.6}$$

其中，α 为水滴容积分数，方程(6.5)和(6.6)中其余各项的物理意义和具体表达式可见文献[2]。

考虑到方程变量的守恒性，常采用有限体积法离散求解。水滴相的壁面边界条件采用壁面吸入边界条件，即如果水滴与物面碰撞，则认为水滴从碰撞点流出。其余边界条件处理与空气流场边界条件处理方法一致。

在欧拉法计算中，水滴局部收集率 β 可在获得当地水滴容积分数 α 和水滴速度 v 之后，由以下表达式获得

$$\beta = \frac{\alpha}{\alpha_\infty} \frac{|v \cdot n|}{|v_\infty|} \tag{6.7}$$

其中，α_∞ 为远场水滴容积分数；v_∞ 为远场水滴速度；n 为物面碰撞点处的单位法线向量。

为获得物面撞击区域内过冷水滴的冻结特性，常采用经典的三维 Messinger 热力学模型求解物面的结冰特性。

3. 结冰冰形计算

假定在每个单元内冻结的液态水平均分布，若求解结冰热力学模型得到编号为 i 的单元内的冻结水质量为 $M_{so,i}$，则该单元表面上冰层的高度为

$$ht_i = \frac{M_{so,i}}{\rho_{ice} A_{sur,i}} \tag{6.8}$$

其中，$A_{sur,i}$ 为该单元的面积，ρ_{ice} 为冰的密度。

结冰后的形状通过网格点的重构来实现，以物面单元上某点 O 为例，设结冰前其坐标为 $r_0(x_0, y_0, z_0)$，则结冰之后的坐标 $r_1(x_1, y_1, z_1)$ 可表达为

$$r_1 = r_0 + ht \cdot n \tag{6.9}$$

其中，n 和 ht 由包含 O 点的四个相邻单元的边及其上的冰层厚度 ht_i 给出。

6.2.2 结冰表面外载荷计算

结冰表面网格单元内的质量守恒方程为

$$\dot{m}_{imp} + \dot{m}_{in} = \dot{m}_{eva} + \dot{m}_{out} + \dot{m}_{ice} \tag{6.10}$$

其中，$\dot{m}_{imp}$ 为从水滴流场获得的水滴收集质量流率；$\dot{m}_{in}$ 为上游控制体流入的质量流率，也是当前控制体所能提供的最大质量流率；$\dot{m}_{eva}$ 为蒸发质量流率；$\dot{m}_{out}$ 为当前控制体流出的质量流率；$\dot{m}_{ice}$ 为结冰质量流率，即结冰率。由于方程不能单独求解，须与能量平衡关系式联立求解：

$$\dot{Q}_{imp} + \dot{Q}_{in} + \dot{Q}_{heat} = \dot{Q}_{eva} + \dot{Q}_{out} + \dot{Q}_{ice} + \dot{Q}_{aero} + \dot{Q}_{conv} \tag{6.11}$$

$\dot{Q}_{imp}$ 包括由来流水滴温度与参考温度之间的温差引起的热通量，以及由水滴动能

转换而来的热通量两部分；$\dot{Q}_{in}$ 为流入的 $\dot{m}_{in}$ 引起的热通量；$\dot{Q}_{eva}$ 包括由壁面温度和参考温度之间的温差引起的热通量，以及由蒸发引起的热通量；$\dot{Q}_{out}$ 为流出的 $\dot{m}_{out}$ 引起的热通量；$\dot{Q}_{ice}$ 为由结冰相变引起的热通量；$\dot{Q}_{aero}$ 为气动加热；$\dot{Q}_{conv}$ 为对流换热；$\dot{Q}_{heat}$ 为所需的加热功率。为了便于求解，将方程(6.11)各项表示为 T_s 的线性表达式，则能量平衡方程又可以改写为

$$a_2 T_s + b_2 + a_3 T_s + b_3 + a_4 T_s + b_4 + a_5 T_s + b_5 + a_6 T_s + b_6 - a_7 T_7 - b_7 - a_8 T_8 - b_8$$
$$= a_1 T_s + b_1 \tag{6.12}$$

为了使计算能够根据结冰条件自动识别结冰种类，本节对能量方程采用了一种显式迭代求解方法：

$$\dot{Q}_{imp} = \dot{m}_{imp} \left[C_d \left(T_\infty - T_o \right) + \frac{V_{d,n}^2}{2} \right]$$

$$\dot{Q}_{in} = \dot{m}_{in} C_d \left(T_{up} - T_o \right)$$

$$\dot{Q}_{eva} = \dot{m}_{eva} \left[C_d \left(T_s - T_o \right) + L_e \right]$$

$$\dot{Q}_{out} = \dot{m}_{out} C_d \left(T_{out} - T_o \right)$$

$$\dot{Q}_{ice} = \dot{m}_{ice} \left[C_i \left(T_s - T_o \right) - L_f \right]$$

$$\dot{Q}_{aero} = -htc \frac{r_c V_\infty^2}{2 C_a}$$

$$\dot{Q}_{conv} = htc \left(T_s - T_\infty \right) \tag{6.13}$$

其中，V_∞ 是来流速度；$V_{d,n}$ 是水滴撞击速度；C_a 是空气的比热容；T_s 是壁面温度；T_∞ 是远场的温度；T_o 是参考温度，可以取 273.15K；C_d 是水的比热容；T_{up} 是上游壁面温度；T_{out} 是流出温度，这里取 T_s；L_e 是蒸发潜热；C_i 是冰的比热容；L_f 是相变潜热；r_c 是恢复系数。

6.3   结冰抑制临界热载荷反分析方法

在前述反分析模型和结冰正问题研究的基础上，根据输出误差原则，将结冰抑制反问题求解转化为目标泛函(反分析模型)的优化问题，应用迭代正则化方法建立了防冰结构内表面临界热载荷反分析方法，并对反分析方法进行验证分析，获得了临界防冰热载荷随时间和空间的分布特性。

6.3.1   反分析方法的建立

结构内表面临界热载荷反分析方法，本质上属于反问题研究范畴，是一个不

适定的问题，体现在解不连续依赖于数据，即观测数据的细微误差可能导致结果的显著变化。要克服这种不适定性，通常的做法是对目标函数正则化，使不适定性问题变为适定问题。但正则算子的构造、正则函数形式和参数的选择往往较为复杂，难以工程应用。本书借鉴 Alifanov 的迭代正则化方法[11]，在反分析模型的基础上，根据输出误差原则，将反问题求解转化为目标泛函(反分析模型)的优化问题，应用共轭梯度法建立了防冰结构内表面临界热载荷反分析方法。

临界防冰热边界反分析思路为：根据防冰分析的正问题模型(湿防冰或者干防冰模型)建立表面临界温度分布，结合外表面的流场热载荷，基于输出误差原则，建立目标泛函[7]，从而求解内表面的防冰热载荷。

$$J(q_{\mathrm{s,t}}) = \sum_{i=1}^{m} \int_0^{t_{\max}} [\varepsilon(s_i, t)]^2 \, \mathrm{d}t = \sum_{i=1}^{m} \int_0^{t_{\max}} [T(s_i, t, q_{\mathrm{s,t}}) - \tilde{T}(s_i, t)]^2 \, \mathrm{d}t \qquad (6.14)$$

其中，$q_{\mathrm{s,t}} = \dot{Q}_{\mathrm{heat,n}}$ 为待反演临界防热载荷；$\tilde{T}$ 为防冰模型计算得到的表面待结冰区域特征点上的温度分布；m 为结冰区域的特征点数；s_i 为防冰区域。

目标函数 $J(q(t))$ 设定后，则临界热载荷反分析问题就可以转换为如下优化问题：

$$\begin{aligned}
&\min \quad J(q(t)) \\
&\mathrm{s.t.} \quad \frac{\partial}{\partial x}\left[k(T) \frac{\partial T}{\partial x} \right] = \rho C_{\mathrm{p}} \frac{\partial T}{\partial t} \\
&\qquad T(t_0) = T_0 \\
&\qquad -k\frac{\partial T}{\partial n}\bigg|_{\Gamma_2} = \dot{Q}_{\mathrm{imp}} + \dot{Q}_{\mathrm{eva}} + \dot{Q}_{\mathrm{ice}} + \dot{Q}_{\mathrm{aero}} + \dot{Q}_{\mathrm{conv}} \\
&\qquad -k\frac{\partial T}{\partial n}\bigg|_{\Gamma_0} = \dot{Q}_{\mathrm{heat,n}}, \quad -k\frac{\partial T}{\partial n}\bigg|_{\Gamma_1} = 0
\end{aligned} \qquad (6.15)$$

其中，$\dot{Q}_{\mathrm{imp}} \sim \dot{Q}_{\mathrm{aero}}$ 在流场与水滴撞击特性分析的基础上获得。

采用共轭梯度法求解上述优化问题。共轭梯度法也称为迭代正则化方法，可分解为热传导正问题、灵敏度问题和伴随变量问题进行求解[12-14]。优化算法描述如下：

$$q_i^{l+1} = q_i^l - \beta^l P_i^l$$

$$P_i^l = J'^l, \quad l=1; \quad P_i^l = J'^l + \gamma^l P_i^{l-1} \qquad l \geqslant 2 \qquad (6.16)$$

$$J'^l = (\partial J / \partial q_i)^l; \quad \gamma^l = \int_{t=0}^{t_{\max}} \left(J'^{\,l} \right)^2 \mathrm{d}t \bigg/ \int_{t=0}^{t_{\max}} \left(J'^{\,l-1} \right)^2 \mathrm{d}t$$

其中，J'^{l-1} 和 J'^l 是第 $l-1$ 步和 l 步迭代的下降梯度，可以采用灵敏度分析或求解伴随方程来获取。

采用有限元方法求解导热正问题，离散方程为

$$KT + S\frac{\partial T}{\partial t} = R \tag{6.17}$$

其中，K 是温度刚度矩阵，S 是温度时变矩阵，T 是待求温度向量，R 是常数向量。

为获得伴随方程，引入伴随向量 p，将目标函数式(6.14)写成如下形式：

$$
\begin{aligned}
J(T, Q_7) = &\int_0^{t_{\max}} \left[T - T_m\right]^{\mathrm{T}} \left[T - T_m\right] \delta(x - x_{pi}) \delta(y - y_{pi}) \mathrm{d}t \\
&+ \int_0^{t_{\max}} p^{\mathrm{T}} \left\{KT + S\frac{\partial T}{\partial t} - R\right\} \mathrm{d}t
\end{aligned}
\tag{6.18}
$$

将上式右端第二项分步积分展开，根据变分法原理，对于任何的 δT，均有 $\Delta J = 0$，因此伴随向量应满足：

$$
p^{\mathrm{T}} K - \frac{\partial p^{\mathrm{T}}}{\partial t} S - p^{\mathrm{T}} \frac{\partial S}{\partial t} + 2\left[T - T_{\mathrm{m}}\right]^{\mathrm{T}} \delta(x - x_{pi}) \delta(y - y_{pi}) = 0
\tag{6.19}
$$

$$p^{\mathrm{T}}\left(t_{\max}\right) = 0$$

根据变分和导数间的关系，即得到目标函数对 q 的梯度向量为

$$
\begin{aligned}
\delta J(\delta T, \delta Q_7) &= -\int_0^{t_{\max}} \left(\frac{\partial J}{\partial Q_7}\right)^{\mathrm{T}} \delta Q_7(t) \mathrm{d}t \\
&= \int_0^{t_{\max}} -p^{\mathrm{T}} \frac{\partial R}{\partial Q_7} \delta Q_7 \mathrm{d}t \Rightarrow \frac{\partial J}{\partial Q_7} = \left(-p^{\mathrm{T}} \frac{\partial R}{\partial Q_7}\right)^{\mathrm{T}}
\end{aligned}
\tag{6.20}
$$

其中步长 β^l 根据一维寻优原则建立：

$$
\beta^l = \frac{\displaystyle\sum_{i=1}^{m} \int_0^{t_{\max}} \left[T_c(x_{pi}, y_{pi}, t) - T_m(x_{pi}, y_{pi}, t)\right] \Delta T(x_{pi}, y_{pi}, t, p^l)\, \mathrm{d}t}{\displaystyle\sum_{i=1}^{m} \int_0^{t_{\max}} \Delta T(x_{pi}, y_{pi}, t, p^l)^2 \mathrm{d}t}
\tag{6.21}
$$

其中，ΔT 是由 $\Delta q = P^l$ 引起的各时刻温度场的变化值，亦称为灵敏度。令 U 表示 ΔT，灵敏度方程为

$$
\begin{aligned}
&\rho c \frac{\partial U}{\partial t} = \frac{\partial}{\partial x}\left(k\frac{\partial U}{\partial x}\right) + \frac{\partial}{\partial y}\left(k\frac{\partial U}{\partial y}\right) \\
&IC : U\left(t_0\right) = 0 \\
&BC : -k\frac{\partial U}{\partial n}\bigg|_{\Gamma_0} = p^l, \quad U\big|_{\Gamma_1} = 0, \quad -k\frac{\partial U}{\partial n}\bigg|_{\Gamma_2} = 0
\end{aligned}
\tag{6.22}
$$

反分析方法的求解步骤如下。

(1) 给定解耦情况下防冰表面的边界条件 $\dot{Q}_{imp} \sim \dot{Q}_{aero}$，防结冰区域 S_{ice}。

(2) 给定蒙皮内表面热载荷 $\dot{Q}_{heat,n}$ 的初值。

(3) 数值求解主控方程，得温度场和目标函数值，若满足临界防冰要求，则终止迭代，否则进行下一步计算。

(4) 求解伴随方程得到伴随变量，计算灵敏度、梯度。

(5) 求出新的共轭梯度 P^n。

(6) 令 $\Delta q = P^n$ 再求解灵敏度方程(6.22)得到 ΔT，利用式(6.21)计算出步长 β^l。

(7) 对热流参数值更新，返回步骤(3)。流程如图 6.5 所示，图中虚线表示双向耦合时，结构场的计算值要返回外流场计算。

在以上推导基础上，选择 NACA0012 翼型作为计算模型，计算马赫数为 0.21，

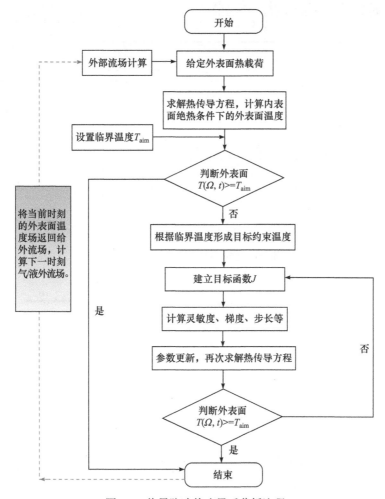

图 6.5 临界防冰热边界反分析流程

攻角为 4°，液态水含量为 $1g/m^3$，计算时间为 360s。外流场计算结果如图 6.6 所示，外表面的热载荷如图 6.7 所示，图中 S 表示当地点距离驻点的弦长，流场、水滴场和结冰计算数据由国家数值风洞套装软件计算得到。

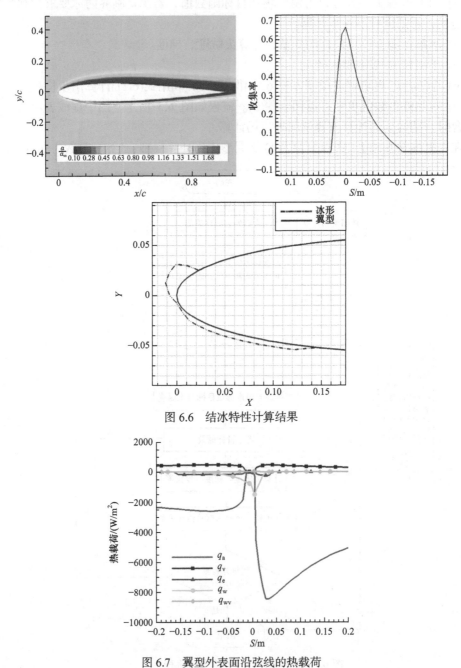

图 6.6   结冰特性计算结果

图 6.7   翼型外表面沿弦线的热载荷

6.3.2 反问题求解精度和抗噪性分析

假定表面湿防冰临界约束温度为 275K，蒙皮厚度为 2mm，蒙皮材料为 2A12 型通用铝合金，密度为 2800kg/m³，热容为 921J/(kg·K)，导热系数为 121W/(m·K)，初始温度为 303K，计算时间为 360s。反演计算结果如图 6.8～图 6.11 所示。

可以看出，临界防冰热载荷在空间和时间方向上是非均匀的。在计算时间小于 60s 的初始阶段，热载荷为 0，这是因为外表面温度大于 275K，防冰热载荷无须加载；当外表面温度达到约束状态即 275K 时，防冰热载荷启动，见图 6.9 和图 6.10。由于翼型上各点的外载荷不同，达到结冰临界温度的时间不一样，反演获得的防冰热载荷沿空间和时间分布不同。从图 6.11 可以看出，相同时刻防冰热载荷略大于外表面热载荷之和的绝对值。施加防冰热载荷后，外表面温度有效控制在目标约束温度附近，平均温度波动小于 0.1K，见图 6.9 和图 6.12。由此可得，基于防冰模型和外流场热载荷，反演得到的临界防冰热载荷，在启动时间、沿时间和空间非均匀分布等方面具有较好的合理性，外表面控温精度较高，临界防冰热载荷反分析方法有效。

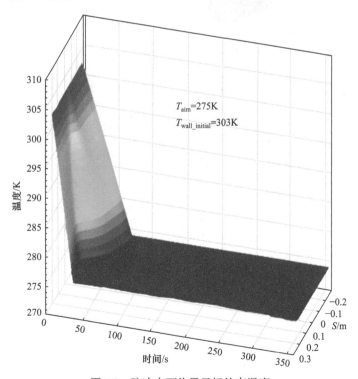

图 6.8 防冰表面临界目标约束温度

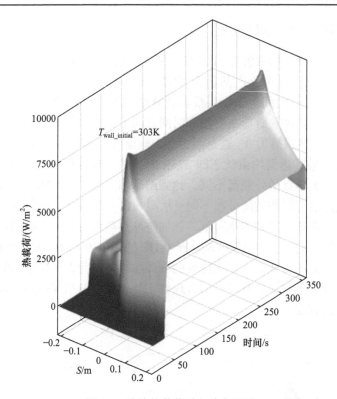

图 6.9   防冰热载荷时空分布云图

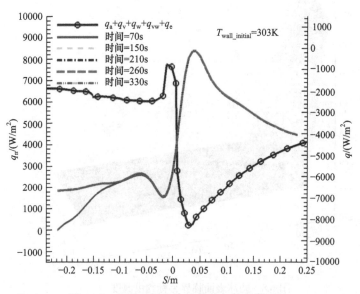

图 6.10   相同时刻防冰热载荷与外载荷对比

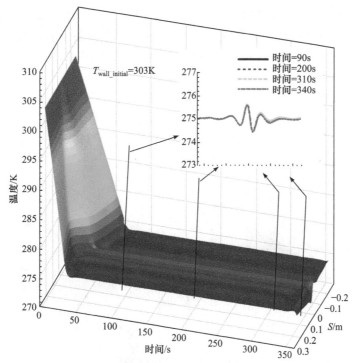

图 6.11 施加防冰载荷后防冰表面温度

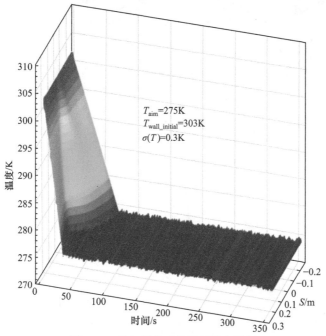

图 6.12 叠加误差后的目标约束温度

在实际的控制中，外表面热载荷的计算、温度控制精度等都可能存在误差波动，为验证反分析方法的鲁棒性和稳定性，进一步分析带测量误差情况下的反演特性。假定在目标约束温度精确的情况下，分别叠加 0.1K 和 0.3K 的白噪声作为约束目标，如图 6.14 所示。

可以看出，叠加白噪声后，反演的防冰热载荷出现了"波动"；随着测量误差的增加，反演的防冰热载荷"波动"误差增加。尽管外表面温度同时也出现波动，且波动也随测量误差的增加而增加，但是波动范围较小，整体趋势稳定，表明算法抗噪性较好，相关结果如图 6.13～图 6.15 所示。

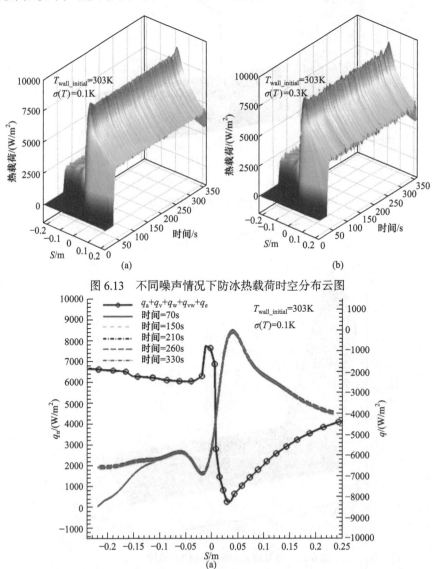

图 6.13　不同噪声情况下防冰热载荷时空分布云图

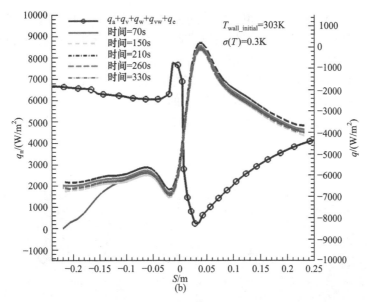

图 6.14 不同噪声情况下相同时刻防冰热载荷与外载荷对比

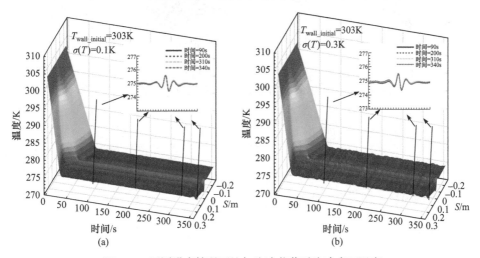

图 6.15 不同噪声情况下施加防冰载荷后防冰表面温度

6.3.3 结冰抑制能耗的影响因素分析

1. 壁温对结冰抑制能耗的影响

进一步分析不同壁面初始温度下反演获得的防冰热载荷的变化规律, 以验证算法的适用性。在算例中分别假定初始温度为 270K 和 333K,计算结果如图 6.16~图 6.18 所示。可以看出, 初始温度越低, 表面温度越早降到约束温度, 防冰热载荷启动越早，峰值热流较小，但覆盖的时间区域更大，如图 6.16 和图 6.17 所示。当初始温度为 270K 时，热载荷在起始位置有一个较大的脉冲，待表面温度全部达到约束温度后，防冰热流趋于稳定，即沿时间分布不变，但是沿空间分布不均匀。当初始温度为 333K 时，防冰热载荷启动时间较晚，但是峰值较大，防冰热载荷沿空间和时间分布不均匀。基于上述两种情况的防冰热载荷，外表面温度均能够较好地控制在约束范围内，平均温度波动小于 0.1K，表明算法适用性较好。

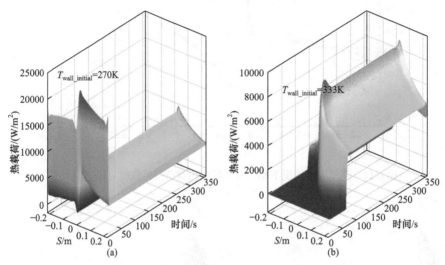

图 6.16 不同初始温度下防冰热载荷时空分布云图

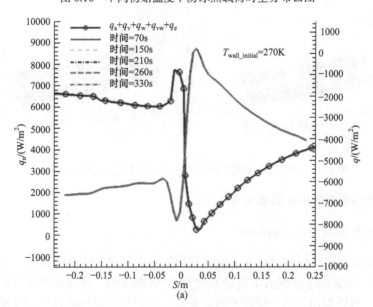

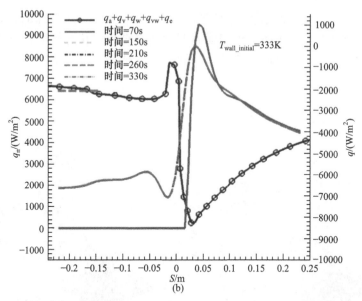

图 6.17 不同初始温度下相同时刻防冰热载荷与外载荷对比

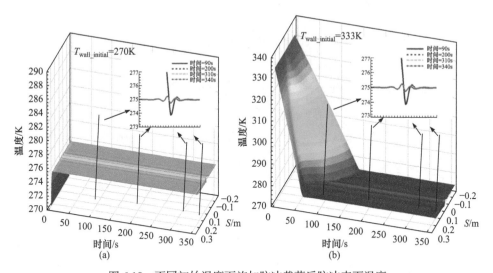

图 6.18 不同初始温度下施加防冰载荷后防冰表面温度

2. 不同蒙皮厚度对结冰抑制能耗的影响

为了研究不同蒙皮厚度对防冰热载荷的影响规律,算例中,主要考虑了 2mm、5mm、10mm 厚度的蒙皮,其他参数不变,计算结果如图 6.19~图 6.21 所示。可以看出，蒙皮越厚，防冰热载荷的峰值越大，但启动时间越晚，覆盖的时间区域更小。这主要是由于蒙皮越薄，外表面温度达到临界约束状态越早，防冰热载荷则启动越早；同时，内表面热扰动传播到外表面越快，抑制结冰所需的热量则越小。

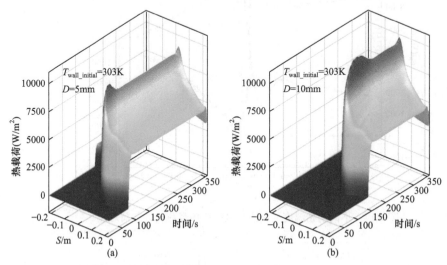

图 6.19　不同蒙皮厚度下防冰热载荷时空分布云图

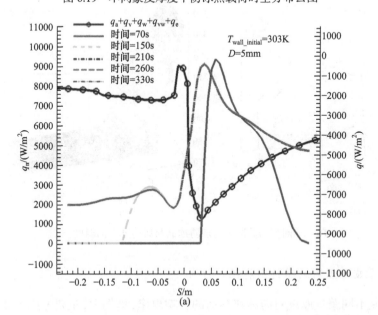

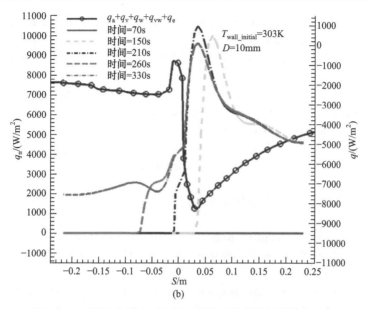

图 6.20　不同蒙皮厚度下相同时刻防冰热载荷与外载荷对比

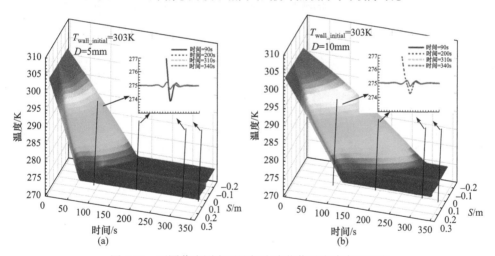

图 6.21　不同蒙皮厚度下施加防冰载荷后防冰表面温度

参 考 文 献

[1] Messinger B L. Equilibrium temperature of an unheated icing surface as a function of air speed. Journal of the Aeronautical Sciences, 1953, 20(1): 29-42.

[2] 易贤. 飞机积冰的数值计算与积冰试验相似准则研究. 绵阳: 中国空气动力研究与发展中心, 2007.

[3] Xiong H, Wu W, An Y, et al. Asymmetric heat transfer in aircraft electrothermal anti-icing. Symmetry, 2023, 15(3): 599-612.

[4] Zhou Z, Yi X, Jiang W T, et al. Quantitative detection method for icing of horizontal-axis wind turbines. Wind Energy, 2019, 22: 433-446.

[5] 郭涛, 朱春玲, 李延, 等. 基于参数平均的防冰热载荷计算方法. 世界科技研究与发展, 2016, 38(2): 292-296.

[6] Mingione G, Brandi V. Ice accretion prediction on multi-element airfoils. AIAA-97-0177, 1997.

[7] Tribus M, Young G B W, Boelter L M K. Analysis of heat transfer over a small cylinder in icing conditions on mount Washington. Journal of Fluids Engineering, 1948, 70(8): 971-976.

[8] 张杰, 周磊, 张洪, 等. 飞机结冰探测技术. 仪器仪表学报, 2006, 27(12): 1578-1586.

[9] 王昭力, 曾涛, 周志宏, 等. TVD 格式在水滴流场数值模拟中的应用. 航空学报, 2022, 43(12): 12-24.

[10] 周志宏, 李凤蔚, 李广宁, 等. 多段翼型结冰数值模拟研究. 西北工业大学学报, 2011, 29(1): 133-136.

[11] Alifanov O M. Inverse Heat Transfer Problems. New York: Springer-Verlag, 1994.

[12] 钱炜祺, 周宇, 邵元培, 等. 表面热流可辨识性初步分析. 实验流体力学, 2013, 27(4): 17-22.

[13] Shi Y, Zeng L, Qian W, et al. A data processing method in the experiment of heat flux testing using inverse methods. Aerospace Science and Technology, 2013, 29(1): 74-80.

[14] 周志宏. 过冷大水滴结冰及相关问题研究. 绵阳: 中国空气动力研究与发展中心, 2016.

第7章　基于导热反问题的结冰强度 在线监测方法探索

魏　东　　　石友安

　　结冰强度(结冰厚度)动态在线监测对保障飞机飞行安全具有十分重要的作用。相关的结冰探测技术发展十分迅速，如光学法、热学法、电学法、机械法、超声波法等[1-4]。然而，影响飞机结冰强度的因素众多，并存在冰形难以区分、形貌复杂、不同区域结冰强度不同、受温度等强干扰等问题，至今尚没有较为成熟的结冰强度在线监测方法，相关技术还处于不断发展和完善中[5]。

7.1　基于超声波回波信号的结冰强度在线监测方法

　　超声波法是实现对飞机结冰强度快速、无损/非接触式、实时探测的一种新途径[6-8]。基于超声波探测信号(如波速、衰减系数)-结冰特征参数(如密度、厚度、温度等)的量化关联关系，超声波法可以通过测量回波信号的传播时间获取冰层厚度，或测量回波信号衰减程度预测冰层密度，但相关技术大多尚处于定性研究阶段。此外，超声波传感器具有安装方便、体积小、灵敏度高、可靠性好、可无线在线测量等优点，在飞行环境结冰、结冰风洞试验、海冰结冰测量等领域，超声波法是较有前景的结冰探测技术之一[9-11]。根据适用范围和对象等不同，结冰强度的超声波测量法又分为脉冲回波法、导波法和表面波等多种方式[5]。本节基于脉冲回波法[12,13]，介绍冰层厚度和温度同时测量的新模型和新方法，为飞机结冰强度在线监测和除冰能耗精细调控提供支撑。

7.1.1　结冰强度在线监测的模型

　　现有基于超声波的冰层测厚方法大多建立在超声波在冰中传播速度为恒定的假设基础上[10]。如图 7.1 所示，保形的超声波探头安装在蒙皮结构内，与蒙皮垂直呈 90°。采用脉冲回波法进行测量时，超声波在固体介质中的传播时间 t_L 可表示为

$$t_L = \frac{2L}{V} \tag{7.1}$$

其中，L 为超声波在冰中单向传播的距离(结冰厚度)；V 为冰中超声波的传播速度，与冰所受温度等相关，通常通过相关的标定实验获得。

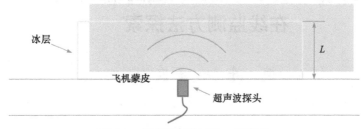

图 7.1　超声波测冰厚的一维模型

相关研究表明[13]，不同温度下冰层中超声波的传播速度并不完全相同，随着温度的降低，冰层中超声波传播速度增加。因此，要提高冰层厚度的测量精度还需考虑冰层温度对超声波传播时间的影响。

冰层温度主要受到外表面热载荷的影响，如图 7.2 所示，忽略动态结冰过程中其他传热传质的影响，仅考虑冰外表面热流 $q(t_s)$ 作用下向蒙皮的导热，则冰层内部的非均匀温度场沿其受热方向可视为一维分布状态，即冰层内部各点在 t_s 时刻的温度值是 x 的函数。采用脉冲回波法进行测量时，超声波在 t_s 时刻的传播时间 t_L 可表示为

$$t_L = 2\int_0^L \frac{1}{V(T)}\mathrm{d}x \tag{7.2}$$

其中，V 与冰层温度 $T(x)$ 相关。

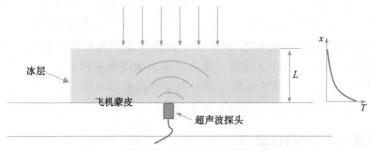

图 7.2　考虑温度影响的超声波测冰厚模型

不考虑温度影响时，由于超声波在冰层中的传播速度较快(约为 0.1μs 量级)，结冰厚度的变化可以视为准静态过程，即将结冰强度的探测问题转化为已知超声波传播时间求解冰厚度的单未知参数问题。但考虑温度影响时，在线监测模型中有温度

和冰厚两个未知参数,需发展相关的反分析模型和方法才能有效获取飞机结冰强度。

7.1.2 考虑温度影响的结冰强度在线监测模型和方法

1. 结冰强度在线监测模型

考虑温度影响的结冰强度在线监测是一种利用结果(声时)逆求原因(结冰厚度和温度分布)的过程,本质上是一个数理反问题。根据傅里叶定理,对于无内热源的热传导问题,边界条件是导致结构温度变化的主要原因。因此,反分析的核心思想是将温度场和冰层厚度重建问题转化为反演热传导方程边界和冰厚的优化问题,优化目标是实测超声波传播时间与数值模拟所获得的超声波在冰层内传播时间差值最小,再根据式(7.2)反演出等效的导热模型边界条件 $q(t_s)$,最后求解 t_s 时刻热传导正问题,从而获得冰层内部的温度非均匀分布状态和动态冰厚。

考虑温度影响的结冰强度一维正问题可表示如下。

主控方程:

$$\frac{\partial}{\partial x}\left[k(T)\frac{\partial T}{\partial x}\right]=\rho C_{\mathrm{p}}\frac{\partial T}{\partial t}, \quad x \in (0,L), t > 0 \tag{7.3}$$

边值条件:

$$T(x,t)\big|_{x=0}=T_{\mathrm{left}}, \quad T(x,t)\big|_{x=L}=q, \quad t > 0 \tag{7.4}$$

初值条件:

$$T(x,0)=T_0, \quad x \in [0,L] \tag{7.5}$$

超声波在冰层内部传播过程的观测方程为

$$t_{s,\mathrm{m}} = t_{s,\mathrm{ex}} + \varepsilon_{s,\mathrm{m}} \tag{7.6}$$

其中, $k = k(T)$ 为冰层导热系数,是温度的函数; $t_{s,\mathrm{ex}}$ 表示超声波在冰层内部传播时间的实测值; $t_{s,\mathrm{m}}$ 表示超声波传递时间的精确值; $\varepsilon_{s,\mathrm{m}}$ 是测量误差。

反问题可表述为冰的物性参数和 T_{left} 已知(可由红外测温仪或热电偶等方式获得),边值条件 q 未知,需要由观测方程式(7.6)来辨识,并将由数值模拟所得值 $t_{s,\mathrm{c}}$ 代替。

建立目标函数:

$$J(q,L) = \sum_{i=1}^{n}(\varepsilon_{s,\mathrm{m}}(t_i))^2 = \sum_{i=1}^{n}\{t_{s,i,\mathrm{c}} - t_{s,i,\mathrm{m}}\}^2$$

$$= \sum_{i=1}^{n}\left\{2\int_0^L \frac{1}{V[T_{\mathrm{c}}(t_i)]}\mathrm{d}x - t_{s,i,\mathrm{m}}\right\}^2 \tag{7.7}$$

式中, q 为待辨识的温度边界条件; $t_{s,i,\mathrm{c}}$ 为 i 时刻数值模拟所计算得到的超声波传播时间, $t_{s,i,\mathrm{m}}$ 为 i 时刻实际测量得到的超声波传播时间,下标 i 表示测量时间序数，下标 s 表示测量的采样点数。

上述问题转化为 q 和 L 的多参数识别问题。目标函数 $J(q,L)$ 设定后，则该问题就可以归结为如下的非线性优化问题：

$$\min \quad J(q,L) \tag{7.8a}$$

$$\text{s.t.} \quad \frac{\partial}{\partial x}\left[k(T)\frac{\partial T}{\partial x}\right] = \rho C_{\mathrm{p}}\frac{\partial T}{\partial t} \tag{7.8b}$$

$$T(x,t) > 0, \quad x \in [0,L] \tag{7.8c}$$

2. 考虑温度影响的结冰强度反演方法

上述优化问题有多种求解方法，如局部优化方法和全局优化方法。作者研究团队发展了包括灵敏度法、共轭梯度法和交互迭代法等多种方法以适应不同的复杂传热问题[14-16]。其中，灵敏度法的推导和实现较为方便，但受限于信息矩阵的病态特性，主要应用于稳态边界的温度场反演。共轭梯度法则不受此限制，但推导和实现较为复杂。交互迭代法是应用共轭梯度法求解边界条件和应用下山单纯形法求解结冰厚度，构造了基于交替迭代的多参数同时识别算法，计算流程见图 7.3。

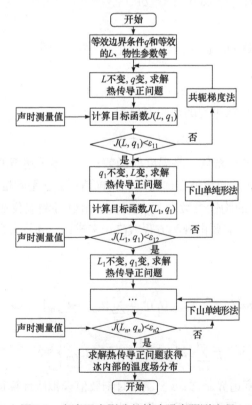

图 7.3　考虑温度影响的结冰强度预测流程

7.2 结冰强度在线监测方法的实验验证

7.2.1 实验装置设计

为验证超声波结冰特性测量方法的可行性，搭建了超声波结冰测量地面实验系统并开展了相关实验研究。实验系统如图 7.4 所示，由超声波测量模块(含超声探头、信号发生器和示波器)、制冰模块(可控温的半导体制冷平台)及温度测量模块(热电偶和温度采集仪)三个部分组成。采用压电超声探头实现冰层中的超声传播过程探测，采用半导体制冷平台控制冰层的温度。

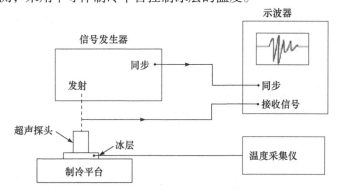

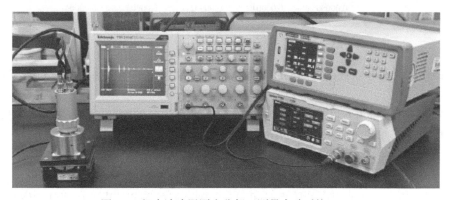

图 7.4 超声波冰层厚度非侵入测量实验系统

7.2.2 实验结果分析

采用超声探头(SIUI 双晶直探头 2.5Z20FG30ZN)对不同温度、相同厚度的冰层进行了测试。图 7.5 所示为冰层厚度为 8.2mm 时不同温度下冰层中的超声回波信号。

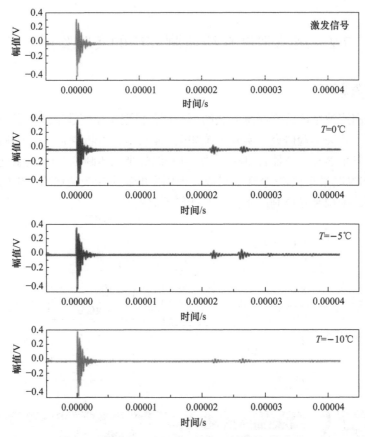

图 7.5　不同温度下冰层中的超声回波信号(纵波)

　　根据式(7.1)可以获得不同温度下超声波在冰层中的平均传播速度，如图 7.6 所示。

　　实验表明，在 0～−10℃温度范围内，随着冰层温度的降低，超声纵波在冰层中的传播速度逐渐增加，本实验中温度每下降 1℃，波速升高约 7.8m/s。该现象本质上是由于随着温度的变化，冰层密度、弹性模量、泊松比等参数也随之发生变化。进一步对实验结果进行拟合，即可获得温度(T)-波速(V)关联关系。根据式(7.2)可知，超声波在冰层中的传播时间同时受到冰层厚度和超声传播速度的影响，结合前文所述的多参数同时识别算法和实验获得的温度-波速关联关系，即可通过测量超声传播波时间预测冰层的厚度和温度，进而实现结冰强度的有效监测。

　　此外，由于结冰强度监测是一个瞬态测量过程，即冰层厚度和温度均会随时间而变化，下一步在结冰强度在线监测的工程应用中，还需从信号处理与采集的角度出发对系统进行优化，使得系统能够自动连续地采集声时数据，以适应精细化在线监测需求。

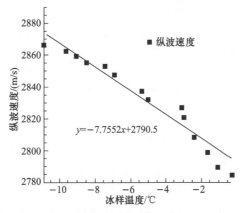

图 7.6　冰层中声速随温度变化曲线

综上，基于超声波纵波法可以定量化测量冰层厚度。另外，由于温度对超声波波速有重要影响，其对冰层厚度的定量测量影响不可忽略。本章从超声波回波和热传导耦合反问题出发，提出了一种可同时识别温度和厚度的结冰强度动态监测方法，并进行了实验验证，相关研究可为后续飞机结冰强度在线监测和除冰策略的制订提供支撑[17]。

参 考 文 献

[1] Zhu C X, Tao M J, Zhao N, et al. Study of droplet shadow zone of aircraft wing with diffusion effects. AIAA Journal, 2019, 57(8): 3339-3348.

[2] 王起达, 王同光. 机翼结冰探测技术进展. 航空制造技术, 2009, 3:62-64.

[3] 胡文月, 葛俊锋, 叶林, 等. 一种图像式过冷大水滴结冰探测系统. 仪表技术与传感器, 2015, (11): 74-77.

[4] Aris A I, David J A, George G H, et al. Fibre optic sensor technology for air conformal ice detection. Industrial and Highway Sensors Technology, 2004, 5272: 357-368.

[5] 张杰, 周磊, 张洪, 等. 飞机结冰探测技术. 仪器仪表学报, 2006, 27(12): 1578-1586.

[6] 赵照, 熊建军, 张平涛, 等. 基于分布式光纤测温的结冰风洞喷雾耙温度场测量. 计算机测量与控制, 2021, 29(3): 14-17.

[7] 于全朋, 周世圆, 徐春广, 等. 飞机关键部件结冰的超声导波探测. 无损检测, 2021, 43(8): 67-71.

[8] Gao H, Rose J L. Ice detection and classification on an aircraft wing with ultrasonic shear horizontal guided waves. IEEE Transactions on Ultrasonics Ferroelectrics and Frequency Control, 2009, 56(2):334-344.

[9] Liu Y, Chen W L, Bond L J, et al. A feasibility study to identify ice types by measuring attenuation of ultrasonic waves for aircraft icing detection. Proceedings of the 4th Joint US-European Fluids Engineering Division Summer Meeting, FEDSM 2014-21227，2014.

[10] Zhao X , Rose J L . Ultrasonic guided wave tomography for ice detection. Ultrasonics, 2016,

67:212-219.

[11] Mendig C, Riemenschneider J, Monner H P, et al. Ice detection by ultrasonic guided waves. CEAS Aeronautical Journal, 2018, 9: 405-415.

[12] Liu Y, Chen W L, Bond L J, et al. Development of an ultrasonic pulse-echo (UPE) technique for aircraft icing studies. AIP Conference Proceedings, 2014, 1581: 1757-1764.

[13] 冯常慧, 刘强, 张杰. 基于冰内孔隙率的冰中声速经验公式的研究. 声学技术, 2017, 36(6): 509-515.

[14] 魏东, 石友安, 杜雁霞, 等. 一种同时获取壁内部非均匀温度场及壁厚的测量方法. 中国, ZL201610984321.9, 2016.

[15] 石友安. 结构内部温度场的超声波探测方法研究. 绵阳: 中国空气动力研究与发展中心, 2016.

[16] Dong W, Shi Y A, Shou B N, et al. Reconstruction of internal temperature distributions in heat materials by ultrasonic measurements. Applied Thermal Engineering, 2017, 112: 38-44.

[17] Wei D, Yang X, Shi Y, et al. A method for reconstructing two-dimensional surface and internal temperature distributions in structures by ultrasonic measurements. Renewable Energy, 2020, 150: 1108-1117.

第8章 飞机结冰热力学研究展望

桂业伟　　　李伟斌

本书的研究为深入掌握飞机结冰的机理提供了一些方法和思路，但由于研究条件和时间的限制，研究中所提出的一些观点、理论及方法还有待于深入和完善。

1. 热力学与动力学机理

随着飞机安全要求和工业技术的发展，对相关飞机结冰预测精度及结冰防护的要求不断提高，飞机结冰的形貌结构，如明冰、霜冰与混合冰，以及大尺度过冷水滴(SLD)的结冰，涉及飞机发动机高空的冰晶结冰等，复杂飞机结冰现象得到了人们越来越多的关注和研究。但总体而言，复杂结冰过程中关于结冰现象、过程的归纳性研究相对较多，而飞机结冰的热力学与传热学机理及相关规律研究相对较少，特别是涉及结冰的基本物理学原理的研究更少，目前仍有很多基础性的问题需要加以探索和研究。

1) 结冰物理机理方面

目前通常的相变研究是基于热力学和传热学层面的，而飞机结冰过程中的成核、冰的生长，以及其中伴随的能量传递、潜热的释放转化等涉及复杂的非平衡效应，对结冰的细节过程有重要影响。从结冰相变的物理学基本机制出发，建立飞机结冰的非平衡凝固模型，并发展相应的涉及多尺度结冰特性的精细化预测方法，对进一步深化对飞机结冰特征的把握具有重要意义。由此，对结冰现象的不同尺度上的物理学特征、机理的阐明，并按照深化解决飞机结冰问题的不同层面的需要，建立反映热力学与水滴动力学耦合作用机理的模型和方法也提出了更紧迫的需求。与此同时，相应的实验研究和工程试验研究中，由于现行结冰热力学、传热学模型有一定的局限性，基于其所发展的结冰相似准则在结冰现象的相似性应用上还存在很大程度的不适用性，尤其是液-固相变现象相似、冰形结构相似、液膜厚度及溢流特性的相似等方面，有待于通过深入的物理学研究探索进一步发展完善。

2) 大水滴结冰方面

在飞机遭遇 SLD 结冰时，由于液滴较大而使相变不能瞬间完成，其间还伴随有液滴更加复杂的变化特性。因此，在 SLD 结冰情况下，冰层生长速率及不同冰形的形成不但受来流参数的影响，而且与固、液相区的流体动力学特性、液体和结冰后的固体的内部传热特性等都相关。目前，液体动力学特性部分得到的关注较多，而考虑各相区的传热过程特性相对较少，加强各相区传热特性的研究也是提高冰层生长预测准确性的重要途径。因此，在 SLD 结冰及其特性预测中，冰层与液膜的传热传质特性应予以重点考虑。同时，SLD 的受力更复杂，在冰层增长过程中，SLD 可能会在堆积的冰面上产生液膜溢流现象，这与水滴作用撞击在飞机表面也是不完全相同的。其破碎、变形、溢流等流动特性更为明显，直接影响结冰的内部微观结构，这种影响如何量化、微观结构的建模如何开展、建模结果的准确性如何验证等，这些都是亟须研究解决的问题。

3) 混合相结冰方面

混合相结冰被认为多发生于发动机内部核心部件，结冰可能引发发动机动力下降、喘振、熄火等危险，同时冰层脱落可能造成发动机的机械损伤。不同于过冷水滴结冰，混合相结冰过程还包含了冰晶在表面的撞击、融化、溢流与再结晶等复杂热物理现象。因此，混合相结冰的热力学和动力学特性除了受环境温度、表面温度及压力等影响，还受冰晶相和水滴相的耦合影响，并且会随着这些参数的变化产生较大差异。目前，关于混合相结冰预测有了一些研究，然而对冰晶结冰过程的复杂机理还缺乏认识，同时对基于流动和传热机理的发动机核心区结冰位置、冰层生长速度、结冰强度等关键问题同样缺少认识。

2. 结冰物理特性精细表征及预测

结冰冰形微观结构，以及与之对应的结冰宏观特性及相关规律，都是在不同层面上反映了结冰的物理属性。在实际研究应用中，需要针对具体需要，开展相应的工作。这里重点讨论关于结冰密度和结冰的黏附力问题，为进行更深入的研究发展科学、准确、全面的建模表征及预测系统。

1) 结冰密度

结冰密度是关系结冰强度和生长特性数值预测的关键物理量，目前在其定量研究方面，多采用试验获取数据再函数拟合的方式得到相关半经验公式。然而，对于大水滴、冰晶、混合相等试验较难还原再现的复杂结冰状态，试验手段获取结冰密度就会存在很大程度的限制。基于现有试验状态中的结冰微观结构特征，发现水滴/冰晶结冰的内在机理，并对其进行合理数学简化及建模，进而发展结冰过程或者结冰微观结构的数值模拟方法，最终提出结冰密度的计算方法，这也是未来可行的道路之一。此外，要注意的是，结冰密度是对冰结构在质量层面上的平均和一阶近似，这对于在给定云雾粒子含水量、水的收集率等前提下，快速界定结冰冰形是十分重要的。但当面对不同的需求问题时，如除冰问题，涉及整个冰结构的力学和热学特性,这时仅用结冰密度尚不能全面反映冰结构的力热特性,以此开展研究就会造成较大的散布。因此,未来的研究,不仅要进一步着力解决好结冰密度建模预测、实验精细测量等问题,还要在此基础上进一步研究冰结构特征以及对结冰其他特性规律的影响。

2) 黏附特性

黏附力是反映结冰与所在表面连接的力学特性,是直接影响除冰(特别是力学除冰)效果的重要因素,黏附力越小,相应的除冰效果就越好。目前,关于结冰黏附力的研究多集中于试验测量,对结冰黏附力有一些定性和定量的研究。考虑到黏附力与结冰表面的物性参数和结冰条件密切相关,而与结冰厚度和结冰面积无直接强关联,未来可以基于大量试验测量数据,结合神经网络、代理模型等方法,发展拟合的经验公式或者预测方法。测量方法上,还可以利用原子力显微镜和探针的方法,定量得到黏附力结果。同时,微观角度下,利用结冰表面的粗糙度信息和结冰微观结构的特征信息,发展微观预测方法,也是一种新思路。此外由于结冰现象的特殊性,相关黏附力的概念定义也应加以深化研究。因为黏附力受结冰表面的形貌(宏观和微观)、结冰表面附近冰的物理性质等直接影响,对不同表面几何尺度下黏附的定义、黏附力的数值定义需要特别注意,尤其是在小尺度下应注意黏附剥离力和表面附近冰破碎力的区别。

3. 不确定性量化

由于飞机结冰的过程涉及较多物理现象,发生机制非常复杂,因此数值模拟、结冰风洞试验、结冰飞行试验等手段中难免存在各种不确定性,而这些不确定性会直接影响结冰研究与分析结论的确切性。如:结冰微观孔隙结构的不确定性会导致飞机结冰冰形的不确定性,进而显著影响飞机的气动性能。因此,飞机结冰不确定性的量化研究是必要的,这对进一步深入认识结冰发生机理、影响机制有促进作用,对结冰试验的能力提升、数值模拟的精度提高有积极的意义。

目前,不确定性量化在飞机结冰中的应用尚处于起步阶段,仅有关于数值模拟的部分不确定性研究,得到了结冰条件对结冰和气动性能影响的研究结果。然而,由于影响因素众多、产生过程复杂等原因,飞机结冰的不确定性量化仍然存在许多需要深入研究的问题。

1) 结冰研究多手段融合

结冰研究通常包括计算和实验测量的手段,每种具体的手段方法都包含很多不同的物理现象和过程,离不开对这些现象和过程的建模,以及在此基础上的计算和测量。当前,常见的飞机结冰计算分析仍然是采用单步法将空气流场、水滴场、结冰、结冰影响等进行解耦计算,在结冰生长过程与空气流场、过冷水滴的收集率等方面的关联上也存在着解耦近似,这与真实的结冰过程中各物理特征之间存在偏差。对不确定性因素在结冰过程中所起的作用认识得不够充分，造成计算结果在精度上的不足。虽然多步法计算可以通过采用步进方式计算空气流场、水滴运动场、水滴与表面的作用、相变与冰的堆积等过程，提高了计算结果的精度，但大大增加了计算成本。在以后的工程实用飞机结冰计算中，可以针对飞机结冰的非定常过程，通过对比单步法和多步法的计算结果，确定合适的时间步长，在满足工程需求精度的前提下尽量减小计算成本。此外，在实验测量上，涉及物理现象对应物理模型的不确定性、实验测量方法本身的系统偏差和随机偏差等不确定性。对此，在基础研究的层面，可以结合全方位的结冰实验观测，进一步细化完善飞机结冰相关的各类物理模型，减小模型层面的不确定性，同时充分把握各种测量方法的偏差和不确定性。通过这些研究，发展能更好揭示飞机结冰过程机理规律的计算方法和相关实验测量手段。

2) 结冰环境的多因素影响

自然条件下，飞机结冰受气象条件不确定性因素的影响较大。而气象条件往往是大量数据的统计平均，即使是各种统计数据都一样时，实际的与结冰相关的参数(如水滴的粒径分布等)特性仍然可能存在差异，由此导致飞机结冰预测的不确定性。目前，已经逐步开展了针对水滴粒径、温度、大气风速等因素中某单一因素的不确定性对结冰冰形影响的研究，但尚未将大气压力、含水量等不确定性因素考虑在内，更缺乏不确定性因素之间的关联分析，以及多种因素都存在不确定性时对结冰的影响。为更好地应对飞行环境变化带来的风险，未来需要进一步量化更多不确定性因素，以及多因素共同作用的影响。

3) 结冰不确定性量化方法

当前，使用 PCE 方法量化结冰不确定性是在假定不确定输入变量服从高斯分布的条件下进行的，为了使不确定性量化过程更贴近真实情形，需要进一步发展不确定性量化方法来摆脱这一前提条件的束缚，而基于数据驱动的多项式混沌法是目前比较好的解决方法。其次，随着飞机结冰领域研究工作的深入开展，需要对飞机结冰过程开展全局不确定性量化分析，由此导致的不确定性变量的增加，势必会使不确定性量化的计算量急剧增加，为了应对计算量增加带来的挑战，需要进一步提升不确定性量化方法的计算效率。

总之，飞机结冰问题无论是在理论研究层面，还是在工程应用层面，都存在着大量的科学和技术问题有待深入研究。理论研究层面的重点包括相关现象机理、基础模型，以及准则与方法等；而工程应用层面，重点应针对实际应用问题做合理简化，提出宽适用范围又较好符合工程实际的相关方法和技术，通过这些工作为解决飞机结冰致灾问题打下坚实基础。